AF743223

Les Maîtres de l'eau

Titre original :
Storia dell'acqua in Sardegna
Ente Autonomo del Flumendosa, 1986
Alfa Editrice, Cagliari, 1991

© Les ayants droit de Francesco Masala

© L'Harmattan, 2018
5-7, rue de l'École-Polytechnique, 75005 Paris

http://www.editions-harmattan.fr

ISBN : 978-2-343-16065-8
EAN : 9782343160658

Francesco Masala

Les Maîtres de l'eau

Traduit de l'italien (Sardaigne) par Claude Schmitt

L'Harmattan

Du même auteur

Le Braconnier et autres poèmes de Sardaigne, Actes Sud, 1984.

Le Curé de Sarrok, roman, Actes Sud, 1989.

Ceux d'Arasolé, roman, Zulma, 1999, 2005 ; Ed. A vue d'œil, 1999 ; Pocket, 2000.

Le Rire sardonique, essais, L'Harmattan, 2014.

Histoire du théâtre sarde, L'Harmattan, 2017.

Sommaire

Préface

La moyenne des précipitations annuelles en Sardaigne est de 18 milliards de mètres cubes d'eau, dont la moitié retourne dans l'atmosphère, par évaporation, transpiration (végétale) et action des vents, ou encore en s'infiltrant dans la terre et se perdant en nappes difficiles à atteindre ; un quart s'écoule vers la mer, sans afflux pour des raisons géo-lithologiques, morphologiques ou topologiques, telles que la présence de basses plaines et l'absence de bassins d'afflux ; le dernier quart, environ quatre milliards et demi de mètres cube d'eau, est disponible pour être recueilli dans des lacs artificiels.

A l'heure actuelle (1986), les bassins artificiels construits en Sardaigne, hors les petits bassins de colline, sont 45 et contiennent une quantité d'eau équivalente à deux milliards de mètres cubes. Pour faire disparaître le déséquilibre entre eau déjà retenue et eau pouvant encore l'être, il faudrait recueillir une quantité d'eau équivalente à deux milliards et demi de mètres cubes, c'est-à-dire construire 45 autres bassins artificiels, afin d'atteindre l'optimum de ladite « culture de l'eau », dans les domaines de l'hydro-électricité, de l'industrie, de l'irrigation, de la pêche, du tourisme, de l'hygiène et bien sûr de l'eau potable.

C'est dans un tel contexte que se présente cette Histoire de l'eau en Sardaigne, en tant que recherche destinée à parcourir toute l'histoire de l'île sous l'angle de ses besoins en eau. A y regarder de plus près, il apparaît que, en même temps que les événements de l'histoire hydrique de l'île, viendront à la surface (c'est le cas de le dire) d'autres événements de notre bimillénaire « histoire de vaincus », c'est-à-dire la succession dans le temps, en terre de Sardaigne, des « maîtres de l'eau ».

De ce point de vue, il est possible de reconnaître au moins une loi historique : chaque fois que, dans l'île, le

« vainqueur » du jour place le problème de l'eau sur un plan pratique et concret (recherche, captation, accumulation, canalisation, destination), c'est le signe certain d'un accroissement des valeurs socio-économiques ; si, au contraire, le « vainqueur » laisse de côté les solutions pratiques, alors l'eau devient un objet de culte, sous la domination de la magie et de la métaphysique, avec une décadence vérifiable des valeurs économiques, hygiéniques, culturelles.

Dans la première catégorie on peut placer les Phéniciens, les Romains, les Pisans, les Piémontais ; dans la seconde, sans hésiter, les Byzantins, les Aragonais et les Espagnols. Cette loi historique n'est pas une hypothèse improbable, voire déviante, s'il est vrai qu'aujourd'hui encore, le risque existe de se retrouver, en colonne par deux, en procession *ad petendam pluviam.*

Car à l'intérieur de notre histoire longue et tourmentée, il a été possible de dégager une « philosophie de l'eau », depuis les puits sacrés nuragiques[1], les citernes puniques, les aqueducs romains, jusqu'à la troisième digue sur le fleuve Tirso[2].

D'autre part, l'alternance des pluies et de la sécheresse est une constante éternelle de l'histoire de la Sardaigne, c'est pourquoi, dès son première état social, le nuraghe était toujours relié à un puits sacré, autrement dit un réservoir d'eau qui, par-delà sa signification rituelle, faisait fonction de stock pour les temps de sécheresse.

On comprend bien, dès lors, que le chef de tribu nuragique était en même temps le « maître de l'eau », c'est-à-dire le ministre, le gardien et le distributeur de la réserve hydrique.

Comme dans toutes les communautés tribales antiques, dans la société nuragique le culte de l'eau était la projection religieuse d'une nécessité économique, existentielle, c'est-à-dire qu'à la raison économique se superposait un rituel religieux.

La dernière partie de cette recherche comporte la description des 45 lacs artificiels sardes, tous construits durant la période post-unitaire, le premier bassin, celui de Corongiu, ayant été achevé en 1866.

F.M.

Les chefs de tribu nuragiques

Dans les antiques sociétés paysannes tribales, le « maître de l'eau » était en même temps le maître politique, le monarque, et le maître religieux, le pontife, celui qui fait les ponts sur les eaux ; il était celui qui détenait le pouvoir et en usait, en concédant, ou non, l'usage de l'eau pour la soif des hommes et des champs.

Lorsque les sociétés humaines passèrent des formes tribales aux formes étatiques, la *polis,* la cité, devint le centre de l'Etat, non dans le sens de cité-Etat mais dans celui de centre programmateur politico-militaro-économique et organisateur de la jouissance des ressources de la campagne.

A l'origine, la capitale des Etats antiques était d'habitude située le long d'un fleuve, moyen de communication et dispensateur d'eau et d'humus. Ce n'est pas un hasard si c'est à Babylone, située au confluent de l'énorme bassin hydrique entre le Tigre et l'Euphrate, que naquirent les sciences hydrauliques, les techniques de canalisation et l'arpentage.

Et c'est justement à partir de cette phase de la *polis* comme capitale de l'eau que l'histoire de l'homme devient l'histoire de la cité, celle des « vainqueurs », et non pas l'histoire de la campagne, celle des « vaincus ». Bien sûr, il est nécessaire de tempérer la rigueur de la présente thèse par une réflexion sur le fait que l'origine de la cité fut déterminée par un afflux des masses venant de la campagne, selon une logique vérifiable tant dans les sociétés paysannes antiques que dans les jeunes sociétés industrielles, et que la cité a dû résoudre tous les problèmes, y compris hydrauliques, nés de ces agglomérations.

La société nuragique n'alla pas au-delà de l'organisation parentale et tribale, avec un auroral stade de fédéralisme cantonal (Balari, Corses, Ilienses, Gallilensi, Iolei, Koraceci, Sarapitani[3]), mais elle ne développa aucune forme de civilisation urbaine, elle ne connut pas la *polis*.

Cependant, le nuraghe, le noyau de la société nuragique, était en même temps une communauté de chasseurs-pasteurs-agriculteurs, une forteresse et un puits sacré, réservoir d'eau qui, par-delà des significations rituelles et religieuses, consistait en une provision d'eau nécessaire durant les guerres continuelles et les continuels sièges entre clans ; le chef de tribu était donc à la fois gardien et dispensateur de la réserve d'eau contenue dans le puits sacré.

D'autre part, l'alternance de pluie et de sécheresse étant un phénomène éternel de la Sardaigne, les installations humaines, d'abord au néolithique puis aux temps nuragiques, se sont donc habituellement établies dans des lieux riches en sources naturelles.

Aujourd'hui encore il est possible de décrire la technique nuragique pour la captation des eaux depuis les sources des nappes phréatiques jusqu'aux puits sacrés : elles étaient canalisées dans des citernes circulaires, recouvertes d'une coupole, avec une échelle qui arrivait jusqu'au niveau de l'eau, tandis qu'au niveau du sol on construisait un vestibule quadrangulaire, entouré d'une enceinte en grandes pierres, souvent ornée de décorations en bas et haut relief, à fonction rituelle ou pour les ordalies judiciaires.

Il est certain, comme le suggère le grand archéologue sarde Giovanni Lilliu, qu'aux usages hygiéniques (eau potable, par exemple), la civilisation nuragique avait naturellement adjoint le culte de l'eau, comme dans toutes les sociétés tribales, telle la projection d'une nécessité existentielle ; à l'économique se superposait le magique.

Selon deux anciens historiens grecs, Timée et Eliano[4] (nous les nommons car nous voulons attribuer à eux seuls la responsabilité de leurs affirmations), en Sardaigne, les vieillards, dès qu'ils avaient atteint leurs soixant-dix ans, au lieu d'être mis à la retraite, se voyaient éliminés par leurs propres enfants, selon le rituel de la noyade dans les cuvettes des rivières ou dans des abîmes remplis de l'eau des sources. Durant le sacrifice, les fils devaient rire d'un rire rituel, le rire sardonique, obtenu avec le latex de l'euphorbe. C'était une cérémonie religieuse, avec une liturgie fixe, semblable à tant d'autres rituels d'élimination et de propitiation d'autres cultures préchrétiennes : afin d'éliminer le mal et de s'attirer le bien, c'est-à-dire, dans le cas qui nous occupe, éloigner la sécheresse et provoquer la pluie.

Notre opinion est qu'il ne s'agissait pas d'un fait religieux, mais d'une mesure de nature économique, signalant une constante existentielle en terre de Sardaigne : la sécheresse, et par suite, la disette. Tandis que chez d'autres peuples de l'Antiquité on immolait les enfants, pour rassasier Moloch, le dieu de la faim et de la soif, dans la Sardaigne nuragique on immolait plus logiquement les anciens, les vieux, c'est-à-dire ceux qui avaient achevé leur cycle productif ; et cela pour des motifs strictement économiques, à savoir pour avoir moins de bouches à nourrir et à désaltérer, moins de concurrents dans la division de la nourriture et de l'eau. Un rite religieux fondé sur une implacable nécessité économique, la même avec laquelle on peut expliquer le caractère sacré des puits nuragiques.

Les Phéniciens

La première domination étrangère en Sardaigne, la phénico-cartaginoise, importa dans l'île l'idée de la *polis*, la cité côtière, atterrage des intérêts mercantiles de ces peuples de navigateurs. Immédiatement, si l'on en croit les sources des anciens historiens, on découvre la cruauté des Phéniciens face au rapport ville-campagne avec la destruction systématique de tous les bois entourant la *polis* côtière, avec des incendies à but magico-rituel, héritiers du paganisme des populations méditerranéennes ; ou, selon les historiens modernes, à des fins économiques, avec la déforestation pour la création de stocks de bois de construction. Quelle que soit la raison, il s'agit de la première manifestation d'un impact sur l'environnement par la première colonisation étrangère de la Sardaigne.

Pour ce qui concerne le problème de l'eau, les navigateurs phéniciens, oiseaux de passage dans la réalité insulaire, se bornèrent à construire des grandes citernes à l'intérieur de leurs ports sardes, tandis que les conquérants cartaginois, devenus espèce permanente, durent pourvoir aux besoins de leurs cités (Nora, Karel, Solki, Bithia, Tharros, Cornus, Othoca, Bosa, Olbia, Turris Lybissonis[5]) avec de grands dépôts d'eau, ces citernes dont un très bel exemple bien conservé se voit à l'intérieur de la citadelle du musée de Cagliari, tel une page de l'histoire hydrologique de la Sardaigne.

Ce n'est pas seulement dans les cités côtières que les Carthaginois construisirent leurs citernes, mais également dans les centres de l'intérieur, en incorporant dans leurs modèles socio-culturels d'importants noyaux de populations nuragiques. C'est le moment historique que Giovanni Lilliu appelle « le début de la constante résistance sarde », c'est-à-dire la dichotomie ethnique et linguistique entre les populations « coloniales » intégrées et les populations « résistantes » à l'intérieur de la « réserve indienne » des forêts de la Barbagia qui étaient restées libres justement parce qu'elles étaient maîtres de l'eau. Ainsi s'explique la terreur panique, la terreur des arbres qui poussait les Carthaginois à détruire les forêts.

Les Romains

Une politique de l'eau plus préméditée et plus perfectionnée fut celle qu'instaurèrent en Sardaigne les dominateurs successifs. Les Romains étaient en effet des soldats impitoyables mais propres ! Ils établirent surtout leurs bases militaires là où existaient des eaux chaudes et froides pour leurs thermes (*calidarium, tepidarium, frigidarium*) : à Fordongianus, Mesumundu, Sardara, Casteldoria, Benetutti, Neapolis, Luguido, Gemellas, Vincola[6].

Les trouvailles archéologiques nous disent que les Romains importèrent en Sardaigne, en même temps que la technique des routes parfaites, celle des aqueducs parfaits, ainsi que de la captation et la canalisation de l'eau depuis la campagne jusqu'à la ville, le *civitates romanae coloniae et municipia.* Autre forme d'expropriation, celle de l'eau des vaincus au bénéfice des vainqueurs.

Non sans quelques moments de rébellion. Et c'est peut-être ainsi que l'on peut expliquer les épisodes rappelés dans les tablettes de bronze d'Esterzili, document épigraphique du temps d'Othon[7], à propos des luttes advenues dans la région du Haut Flumendosa[8], entre les *Gallilenses,* tribus de bergers, et les *Patulcenses campani,* colonies de paysans, pour le contrôle de l'eau et des pâtures.

Un exemple bien documenté de la politique romaine des aqueducs est celui de Cagliari : les grandes citernes retrouvées au jardin botanique étaient alimentées par une conduite adductrice qui captait les riches sources de Caputacquas, sur le versant septentrional du mont Ollastus, et les canalisait à travers Siliqua, Decimo, Assemini, Elmas[9], jusqu'à la ville où elles entraient par le quartier de Stampace.

Dans une épigraphe datant du Ier siècle retrouvée à Porto Torres, il est fait allusion à la construction d'un *lacus* avec les eaux captées dans les sources d'Eba Giara, dans la campagne de Sassari, relié à un aqueduc pour l'approvisionnement de la cité de Turris et des thermes situés dans le prétendu palais du roi barbare[10] ; ce qui serait le premier exemple de lac artificiel en Sardaigne, avec les problèmes connexes d'impact des afflux sur l'environnement. De la même manière sont venues au jour les grandes citernes de Sulci dans l'île de Sant' Antioco, avec leurs canaux adducteurs venant des montagnes du Sulcis ; l'aqueduc et les réservoirs de Neapolis, dans le golfe d'Oristano, alimentés par les eaux provenant d'Uselis ; les restes de l'aqueduc de Cornus qui alimentait la basilique paléochrétienne et le réseau hydraulique des deux édifices thermaux de Tarros ; ceux de la grande piscine de Fordongianus, avec ses épigraphes dédiées aux « nymphes salutaires », déesses de l'eau limpide qui provenait du Mont Grighine ; et les restes d'un aqueduc le long du fleuve Coghinas[11].

Il faut enfin signaler les restes des installations hydrauliques des luxueuses *villae* hors de la cité (d'où naîtront *sas biddas*, les villages), témoignages d'une grande culture de l'eau, mais aussi du fait que le « maître de l'eau » était le *miles Romanus* (le soldat romain).

Les Byzantins

La longue mais précaire domination byzantine en Sardaigne, au-delà de la nouvelle quadripartition administrative et de la nouvelle culture religieuse du christianisme oriental, ne semble pas avoir apporté de changements importants dans les structures socio-économiques établies par les Romains.

En effet, en partie à cause de l'extension en Méditerranée occidentale de l'expansionnisme arabe, les villes côtières tombèrent en décadence et les villages de l'intérieur devinrent plus nombreux, avec une économie à caractère féodal, pauvre, privée d'échanges avec l'extérieur ; chaque village était un univers clos autour des sources d'eau des *villae*.

Les documents épigraphiques, archéologiques, bibliographiques étant rares, il nous faut donc recourir à l'ethnologie et aux permanences folkloriques.

La période byzantine semble alors caractérisée par une continuelle désagrégation des formes de l'organisation romaine et, pour ce qui concerne l'histoire de l'eau en Sardaigne, par un retour vers une économie hydraulique des puits et des nappes phréatiques naturelles.

Comme il arrive chaque fois qu'à la place de l'activité et de la volonté humaines succèdent la fatalité et le destin, les provisions d'eau paraissent alors confiées, non plus à la tenace et réfléchie œuvre de l'homme, mais aux desseins incontournables et imprescriptibles de la divinité et de la magie. Alors revient le culte de l'eau, on a de nouveau recours à la prière, aux mots incantatoires pour conjurer la sécheresse.

Pour implorer la pluie, on porte en procession une petite madone de bois noir, la *Madonna* d'Itria, la madone de l'eau, tout à fait semblable aux petites fées qui, selon la croyance médiévale, habitent les *domus de janas*, les demeures des fées.

Nous savons qu'à la place des sacrifices humains en usage aux temps nuragiques, pour implorer la pluie les Byzantins immergeaient dans l'eau des crânes humains ; l'opération avait lieu à la nouvelle lune par un groupe de personnes en nombre impair (au minimum trois, au maximum sept), dont la plus âgée descendait dans l'ossuaire du cimetière pour en retirer un ou plusieurs crânes (jamais un nombre pair) ; ensuite le groupe se rendait au plus proche cours d'eau pour l'immersion de ceux-ci.

C'est ainsi que dans les obscurs labyrinthes de la magie, la société sardo-byzantine perdait le fil d'Ariane de la philosophie rationnelle de l'eau.

Le *Regnum Sardiniae*

Lorsque, lentement et graduellement, les *giudicati* byzantins se transformèrent en *giudicati*[12] sardes, on assista à la naissance de l'idée du *Regnum Sardiniae*. En même temps explose la question de la langue, avec le premier document en langue sarde (*sa limba*), la Donation du Juge Torgotorio, en 1070, suivie par les *condaghes*[13], signes, selon Gramsci, d'une prochaine explosion des autres contradictions politico-économico-sociales, et donc de la naissance d'une « Nation Sarde ».

Cependant, d'autre part se concrétisaient les premières ouvertures envers les civilisations marines italiennes de Pise et de Gênes. Les influences de Pise, de Gênes et des Ordres monastiques, dont émanaient, en quelque sorte, celles de la civilisation communale italienne, marquent un progrès social en Sardaigne, avec le passage de l'économie de pure subsistance, de type féodal, à une économie de marché qui coïncidait avec les intérêts mercantiles de la naissante bourgeoisie communale italienne.

Les nombreux ordres religieux, appelés dans l'île par les *giudicati* — bénédictins, victorins, vallombrosiens, camaldules, l'œuvre de la cathédrale de Gênes et, surtout, l'œuvre de Santa Maria Chiara de Pise — eurent en donation, dans l'ensemble des *giuducati* sardes, d'immenses possessions, qui permirent de faire croître, autour des monastères, outre de très belles églises, de florissants noyaux ruraux, où l'on adopta les techniques pour la captation, la canalisation et l'irrigation, déjà essayées sur le continent italien.

De cette période nous sont parvenus deux documents importants, révélateurs de l'influence pisane.

Dans les Statuts de Sassari, antérieurs à l'an 1300, se trouvent fixées, entre autres, les normes pour réguler l'irrigation des eaux de la fontaine-source de Rosello et pour l'utilisation de celles-ci comme force motrice pour les moulins à blé installés en aval de la source.

Sur le modèle pisan également, le Bref de Villa di Chiesa[14], le plus ancien code minier connu, édicte les normes pour l'activité des mines du bassin d'Iglesias (appelé Argentaria par les Pisans) et pour l'emploi de l'eau dans le processus de transformation des métaux.

Ainsi, pour une fois, durant la période des *giudicati,* les Sardes dépassent l'horizon de leurs villages pour venir au contact de méthodologies et de mouvements culturels et artistiques produits par le renouveau général post-médiéval des communes.

La domination aragonaise

Avec le *motu proprio* du 4 avril 1297, le pape Boniface VIII (*Lo Gran Prete cui mal prenda*, comme le nomme Dante, qui le place par anticipation en Enfer) inféode le *Regnum Sardiniae* au roi d'Aragon Jacques II. Commence alors une domination qui durera quatre siècles et imprimera une marque profonde dans l'histoire et la civilisation de la Sardaigne.

Au regard de l'histoire et de la civilisation de l'eau, cette marque est sans conteste totalement négative. C'est une loi historique en Sardaigne que chaque fois que le « dominateur » place le problème de l'eau sur le plan pratique-concret (recherche, captation, irrigation, etc.), c'est le signe d'un renouveau des activités socio-économiques ; tandis que si le « dominateur » néglige ce plan, l'eau redevient un objet de culte, un phénomène magique, accompagné d'une décadence des valeurs économiques, hygiéniques, culturelles.

Ne soyons donc pas étonnés si, dans un document en langue espagnole du 12 mai 1602, conservé dans les archives de la cathédrale de Cagliari, nous lisons que, tel jour, un crucifix de l'église cagliaritaine de San Giacomo fut porté en procession, en présence du vice-roi espagnol le comte Elda, jusqu'à la plage de Su Siccu, qui fait face à la basilique de Bonaria, *para mojarlo en la mar, para aplacar la ira di Dio*, pour l'immerger dans la mer et apaiser ainsi la colère de Dieu, c'est-à-dire pour faire cesser la sécheresse et venir la pluie. Retour, donc, à la sacralité de l'eau, au rituel nuragique du sacrifice humain et au rituel byzantin de l'immersion des crânes, décrit plus haut, *ad petendas pluvias*.

A cet égard, l'auteur se permet de signaler ici une permanence folklorique de ces formes un peu louches élaborées par la sombre religiosité espagnole, jusque pendant la période fasciste. Durant les années 30, en plein régime fasciste, eut lieu une cérémonie rituelle contre la sécheresse dans le village natal de l'auteur, Nughedu San Nicolo, privé d'aqueduc, bien que situé dans une zone riche en eaux aux confins du Goceano et du Logudoro. Une sorcière (*majarza*) de village, dépositaire des mots défendus (*sos berbos*), immergea, en présence d'une foule d'habitants, un crucifix dans une source tarie, en prononçant textuellement les paroles suivantes : « *Abburrigadechèlu a Cristu ladderosu* » (Faites tremper ce Christ tout crotté), qui seraient une antique formule rituelle pour faire pleuvoir.

A Orgosolo, on chantait les antiques *gosos*[15] pour l'eau : « Donne-nous l'eau, ô Seigneur, dans la nécessité où nous sommes. Si tu ne nous donnes pas l'eau, prends garde que nous ne te tuions. C'est de l'eau que nous te demandons et non des quartiers de bœuf. Les ruisseaux de Locoe ne se peuvent guéer. Donne-nous l'eau, ô Seigneur, dans cette nécessité. » Ajoutons qu'en même temps que l'on invoquait la pluie, on craignait les déluges d'eau, aussi d'autres paroles défendues étaient-elles lancées contre la divinité !

Nous avons dû recourir de nouveau à l'ethnologie religieuse et aux permanences folkloriques pour éclairer le problème de l'eau durant la période espagnole et pour connaître le comportement anthropologico-culturel vis-à-vis de l'eau, considérée en outre, et non sans raison, comme la cause de la « peste noire » lorsqu'elle est putride et stagnante.

L'historien anglais John Day, qui a étudié cette période de l'histoire sarde sous l'aspect économique, a mis en évidence la carence des ressources hydriques pour l'agriculture ainsi que la disparition, durant la même période, de la moitié des villages sardes, surtout à cause du manque de stocks d'eau, avec des conséquences tragiques sur le plan de l'hygiène : le choléra et la peste firent en effet rage pendant des siècles, en Sardaigne, jusqu'à réduire la population à 200 000 habitants.

Ajoutons qu'après la découverte de l'Amérique, les Espagnols perdirent leur intérêt pour la Méditerranée en faveur du Nouveau Monde d'au-delà de l'Océan, de sorte qu'ils oublièrent peu à peu leurs « colonies » italiennes.

S'ensuivit une dégradation du tissu social sarde, avec l'abandon des ports, la cessation du commerce import-export, la fermeture des mines, et un retour à l'économie féodale, celle des *stazzi*, des *pinnetas*, des *cuiles*, des *bacchiles*, des *medaus*, des *furriadroxus*[16].

Après l'abandon des activités maritime et minière, les Espagnols se tournèrent vers la constitution de nouveaux noyaux ruraux liés à la possibilité d'exploitation de nappes phréatiques : Marrubiu, Nuraminis, Pimentel, Soleminis, Terralba, Vallermosa, Capoterra[17].

Finalement, durant la domination espagnole, la Sardaigne toucha le fond de sa condition existentielle, de son triste destin « colonial » : épidémies, disette, fiscalité, usure, dépeuplement et paupérisation, baronnies féodales, crimes sanglants, banditisme social, avec les milices organisées pour razzier, et pour compléter le tout, la soif des hommes et des champs à cause du manque total d'organisation dans la captation et la conservation de ces 18 milliards de mètres cubes d'eau qui chaque année tombaient, alors comme aujourd'hui, du ciel.

En revanche, si c'en est une, sur le plan de la science de l'eau, les Espagnols nous laissèrent un produit de leur technologie hydrologique, à savoir *sa carapigna*, un sorbet à base de sirop et de neige soigneusement conservée pour l'été dans les grottes du Gennargentu, et transportée jusqu'à Cagliari dans de grands « pipelines » de laiton immergés dans du sel.

La domination piémontaise

La domination piémontaise continua la logique espagnole, en particulier dans le rapport ville-campagne, en favorisant la première au détriment de la seconde avec des mesures coercitives pour acheminer les biens de la campagne, y compris l'eau, au bénéfice de la ville où, en effet, étaient installés les stocks. Au moins sur le plan théorétique, les Piémontais préfigurèrent les projets pour le renouveau de l'île.

Ainsi, le jésuite Francesco Gemelli insiste, dans son fameux ouvrage *Il rifiorimento della Sardegna* (Le renouveau de la Sardaigne), sur la nécessité de construire de grands « dépôts d'eau » pour l'arrosage des champs sardes. Mais il oublia de faire arroser par des capitaux la construction de ces bassins de retenue !

Malgré tout, le sujet est traité avec sérieux. Citons-en une page « parce qu'elle a un rapport — est-il précisé dans l'ouvrage — avec notre thèse : agriculture, dérivation des eaux, population, sont, je le dis, les trois alliés qui s'offrent à notre entreprise. De l'agriculture nous avons parlé dans un article précédent.

« Il nous reste à préciser les deux autres : la réduction des lacs, des marécages, des zones froides du territoire, la protection des fleuves, l'entretien des fosses principales et secondaires qui donnent libre accès à la campagne et à la fabrique, l'entretien des aqueducs d'eau saine et intarissable... Mais peut-être dira-t-on qu'il n'est pas possible de réaliser de tels projets en Sardaigne ? Comment assécher d'immenses lacs ? Comment donner accès à des fleuves n'ayant pas suffisamment d'eau ou une pente suffisante ? Ce n'est pas mon propos d'en discuter ici. Je dirai seulement que nombre d'impossibilités qui se présentent comme réelles sont imaginaires, ou comme absolues et sont relatives...

« Dire "on ne peut pas" pour laisser les choses dans l'état où elles sont, fut et sera toujours l'expression de la paresse. Loin de moi pareille réponse. D'ailleurs je me propose d'absoudre les Sardes de la réputation d'inertie et d'inaptitude au travail ! Si l'on ne peut pas tout, on le peut en partie. Les fleuves peuvent être mieux canalisés, les eaux environnantes peuvent être, avec d'opportunes excavations, conduites à augmenter la hauteur et la rapidité desdits fleuves, beaucoup de travaux peuvent être projetés avec le transport de la terre d'un endroit à un autre endroit ; en somme, l'on peut essayer, l'on peut commencer. Les enfants et les petits-enfants continueront et perfectionneront l'œuvre de leurs pères et la jeune génération conservera avec gratitude la mémoire de ces bienfaiteurs de leur patrie. Avec du travail et de l'ingéniosité, on obtient tout et l'on vainc tous les obstacles : *labor omnia vincit.* Ce sont les mots que je voudrais ajouter, dans les armoiries de la Sardaigne, à ses quatre têtes de Maures, emblême des antiques valeurs sardes. »

Mais sur le plan pratique, les théories hydrauliques de Francesco Gemelli restèrent lettre morte. De même, le prétendu réformisme de Bogino[18] se réduisit à une rationalisation de l'exploitation de type colonial et à l'expropriation en faveur de la ville des biens, y compris l'eau, produits par les villages. On assista aussi à des bizarreries fiscales tel que l'impôt sur les rats consistant en deux mesures de blé à ajouter au taux d'imposition, en compensation de ce qu'auraient pu manger les rats dans les magasins de la ville.

La peur de rendre la Sardaigne « rénovée » attirante pour d'autres Etats plus forts que le Piémont poussa le comte Bogino à inciter son roi « à ne pas parer trop la mariée de peur que d'autres ne s'en entichent », autrement dit à laisser la Sardaigne moche et sale... C'est ce même ministre piémontais, grand adepte des Lumières, qui fit exécuter de grands travaux d'aménagement hydraulique au Piémont tout en instituant dans chaque village sarde une petite place pour le gibet, déterminant de la sorte la métamorphose philologique d'une expression sarde, *su buginu* (le brigand), qui en vint à signifier le bourreau, en souvenir impérissable du comte piémontais.

Avec comme conséquence aucun programme pratique pour des ouvrages publics, aucune politique d'aqueducs et de bassins hydriques. Dans le paysage désolé de la Sardaigne du XVIIIe siècle continua donc à prévaloir, comme dans une xylographie des anciens temps, l'image du patient petit âne sarde faisant tourner éternellement sa noria pour tirer un peu d'eau des couches les plus superficielles du sol, misérable goutte d'eau dans le désert aride des champs durant les sécheresses récurrentes ; ainsi que l'image des figures féminines (splendides dans leurs costumes polychromes, quasiment une compensation psychanalytique pour la pauvre monochromie de leur condition existentielle) allant du village jusqu'à la source et de la source au village, en portant sur la tête le récipient de bois ou de liège et de terre glaise.

A la fin du XVIIIe siècle, sous l'impulsion du mouvement général européen de « despotisme éclairé », furent élaborés en Sardaigne, par le fait de fonctionnaires sardes ou de membres de la Royale Sociéte agraire et économique de Cagliari, de nombreux mémoires, envoyés à Turin en tant que propositions réformistes de la part, disons, des « vaincus » (tels Giuseppe Cossu, Andrea Manca Dell'Arca, Vittorio Boyl, Gemiliano Deidda, Efisio Muscas, D.A. Azuni, G.M. Angioy[19]).

Ces mémoires sont au moins l'indice de la volonté de l'intelligentsia sarde d'influer sur son propre destin économique, sous le signe d'une identité régionale spécifique. A travers eux transparaît, lentement mais inexorablement, la nouvelle méthodologie des Lumières pour une solution scientifique du problème de l'eau.

Citons les projets de Gemiliano Deidda pour l'aménagement hydraulique des eaux du fleuve Tirso et des torrents de Quartu et de Pula. D'autres mémoires prônent l'introduction en Sardaigne de cultures neuves et insolites, comme le riz et le maïs, avec des propositions pour de nouvelles techniques d'irrigation, « en prenant soin — écrit Andrea Manca Dell'Arca — d'édifier sur le terrain des digues et des aqueducs dans le sens de la longueur et en travers, afin de pouvoir tout arroser, et de semer près de rivières ou de sources abondantes, car plus ces cultures sont inondées d'eau, plus elles rendent ».

C'est dans ce même sens d'un lien avec la nouvelle culture de l'eau que s'expliquent les nouvelles installations rurales entreprises durant la période de la Maison de Savoie : Cala Oliva et Cala Reale, dans l'îlot de l'Asinara, Montresta, Senis, Oridda, Gonnessa, Carbonara (aujourd'hui Villasimius), Santa Teresa, Calasetta et Carloforte (où fut construit, en 1790, *il cisternone*, le grand réservoir).

Le XIXe siècle

En Sardaigne, le XIXe siècle s'ouvre avec l'arrivée à Cagliari du roi Charles Emmanuel IV, chassé du Piémont par Napoléon Bonaparte.

En 1820 fut promulguée la Loi de clôture (*legge delle chiudende*) pour instituer la propriété privée, par laquelle les terres communautaires de l'ethnie sarde furent privatisées et par suite clôturées, pour commencer en faveur de personnes liées à la cour telles que nobles, officiers, juges, prêtres.

Le problème de l'eau lui aussi fut faussé par cette triste loi : les « clôtureurs » s'empressèrent d'englober dans les enclos (*tancas*) toutes les sources, les fontaines et les abreuvoirs publics, expropriant de l'eau ceux qui en avaient le plus besoin, les paysans et les bergers.

Un certain Mura, par exemple, noble de Santulussurgiu, engloba dans sa vaste clôture dans la campagne de Paulilatino, une fontaine publique, contraignant de la sorte les habituels usagers à boire, en dehors de son enclos, l'eau trouble et fangeuse du ruisseau qui en coulait, et menaçant de mort, le fusil à la main, quiconque oserait pénétrer sur sa propriété clôturée. Ainsi naquit, dans la violence, la figure de *su prinzipale de tancas cun su riu in mesu* (le patron de *tancas* avec un ruisseau au milieu)...

En même temps se produisirent des conséquences bouleversantes sur le plan social : litiges, luttes, destruction de clôtures, procès, condamnations à mort, incendies, coupeurs de jarrets[20], séquestration de personnes... et quelques bandits sardes en plus !

C'est dans ces circonstances qu'Alberto Lamarmora[21] s'intéressa au régime des eaux, décrivant la course aux citernes et aux puits gérés par les communautés religieuses ; ou encore Francesco d'Este, relatant élégamment dans sa description de la Sardaigne les caractéristiques des brouettiers qui transportaient les tonneaux d'eau des sources du Mont des Sette Fratelli pour la vendre, à des prix abusifs, à Cagliari durant la saison estivale.

Alberto Lamarmora, en bon militaire, s'intéresse, dans son *Voyage en Sardaigne* publié en français à Paris en 1826, surtout aux ponts : « Les provinces de Gallura et d'Ogliastra réclament à bon droit la construction de quelques ponts, dont elles manquent totalement durant l'hiver, ce qui les prive de communications avec les autres provinces de l'Ile. La route de Sassari à Tempio est souvent interrompue pendant plusieurs jours par l'impossibilité de passer à gué le fleuve Coghinas, sur lequel il n'existe aucun pont.

« L'Ogliastra ne communique avec Cagliari pendant la mauvaise saison que par le pont de Nurri, sur le Flumendosa, et ce pont, le seul que ce fleuve possède, tombe en ruine. Les autres chemins qui aboutissent à cette province sont rendus impraticables par le Flumendosa et le Flumineddu[22]. On peut dire enfin que, outre cet inconvénient grave d'interrompre souvent et pendant plusieurs jours les communications de provinces entières entre elles et la capitale, le défaut de ponts est la cause d'une perte annuelle de plus de cent personnes, qu'un besoin pressant ou l'imprudence font s'aventurer dans les passages de torrents et de rivières de la Sardaigne. »

Dans la première moitié du XIXe siècle, une remarquable impulsion aux études sur les eaux de l'île fut donnée par l'ingénieur Giovanni Antonio Carbonazzi, auteur du projet et directeur des travaux de la route nationale 131, dite la Carlo Felice (le roi de l'époque, que les Cagliaritains appelaient « Carlo Féroce »). Non seulement celui-ci contribua à la résolution pratique de nombreux problèmes hydrauliques durant l'exécution des travaux (régulation des eaux et assainissement des terres paludéennes dans les zones de Serranti, Sanluri, Santa Giusta, Paulilatino, Abbasanta, Campeda[23]), mais aussi sur le plan théorique, avec un essai, présenté à Turin au Congrès permanent de l'eau et des routes, qui commence par ces symptomatiques paroles : « En Sardaigne, les eaux coulent comme elles peuvent et où elles peuvent, sans que jamais l'homme ne soit venu en aide à la nature. »

Le 29 novembre 1847 signe la « parfaite union » entre le Piémont et la Sardaigne, gracieusement concédée par le roi Charles Albert à une délégation des trois *bracci* des *Stamenti*[24] sardes, trois groupes de « médiateurs » qui convenaient au peuple sarde comme des cheveux sur la soupe ; en fait, il s'agissait d'un fait historique qui mit fin au *Regnum Sardiniae,* plaça l'île sous la dépendance du continent et instaura la bureaucratie piémontaise, en somme, un « parfait colonialisme » !

Sur le plan de l'histoire culturelle fut confirmée la dyscrasie entre les intellectuels sardes : d'une part les « violons de la monarchie », italophones, et de l'autre les « résistants », sardophones.

Sur le plan de l'histoire de l'eau, les cahiers de doléances se multiplièrent. Raimondo Orru publia, en 1848, à Cagliari, une brochure intitulée *Sur les conditions actuelles et sur les destinées désirables de la Sardaigne,* où il traite diffusément du désastreux régime des eaux dans l'île : « Dès qu'arrivaient les pluies d'automne, toutes les communications étaient interrompues, non seulement entre provinces mais aussi entre villages voisins ; plus de commerce intérieur, superfluité de produits chez une population et disette dans une autre ; les habitants des divers quartiers étrangers les uns aux autres, et l'île à peine connue des nationaux eux-mêmes. »

Le comte piémontais Carlo Baudi di Vesme, lui-même grand clôtureur de *tancas*, dans un rapport à son roi Carlo Alberto, publié à Turin en 1848, sous le titre de *Considérations économiques sur la Sardaigne* (onze chapitres, pleins de vantardise sarde, révélant le dessein de rationalisation de l'exploitation, dans lesquels, après avoir précisément expliqué que les intérêts de Cagliari sont exactement contraires à ceux du reste de l'île, il propose cette ville comme port franc), consacre un bref paragraphe au régime des eaux : « En somme, il est impossible en Sardaigne, durant la saison hivernale, de transporter d'un lieu à un autre les denrées, de vendre les surplus, de se pourvoir du nécessaire, tout commerce est interrompu, chaque commune réduite à l'isolement parfait ; mais surtout des situations graves et lamentables dues au manque de ponts dans un pays de toute part traversé par les eaux. »

De son côté, le controversé rebelle Giovanni Siotto Pintor[25] (magistrat, député au Parlement subalpin, sénateur du Royaume, orateur, critique littéraire, auteur, poète, auteur dramatique), dans une brochure publiée en 1848, *Sur les conditions de l'île de Sardaigne*, offre un panorama alarmant de l'exploitation « coloniale », dans un style romantique cher à son époque : « Des mamelles flétries l'on veut à tout prix tirer du lait ; il n'en sort que du sang. Je n'entends pas ainsi décrire une Sardaigne sordide, qui ouvre ses vêtements déchirés, en montrant ses parties les plus honteuses dans toute leur nudité et tendant une main décharnée pour demander l'aumône. *Ce sont des erreurs d'administration qui ont mis l'île dans cet état !* »

En 1861, après la Campagne des Mille[26], fut proclamé le Royaume d'Italie et naquit aussi la « question méridionale ». Mais en Sardaigne, comme l'affirme l'historien Franco Venturi, le conflit Nord-Sud avait déjà commencé trois lustres auparavant et la « question sarde » avait déjà explosé, grâce à Vincenzo Onnis, Giovanni Battista Tuveri et Giorgio Asproni[27].

Sans doute le problème de l'eau fut-il traité par ces pionniers d'une manière générique, non pas tant sur le plan d'une nouvelle législation hydraulique et de nouvelles propositions opérationnelles et pratiques, que sur le plan de la défectueuse administration des lois en vigueur. (Au député Giorgio Asproni qui reprochait les « scélératesses » d'un haut bureaucrate piémontais sévissant dans l'île, le ministre de l'Intérieur répondit : « Je suis informé, peut-être mieux que vous ne l'êtes, de la déplorable nature et de l'infamie de cette personne, mais nous ne savons pas où l'employer, où l'envoyer... » A quoi Giorgio Asproni, furieux, répondit : « Au bagne ! »)

Mais la question de l'eau fut traitée non seulement par les Sardes, mais aussi par les continentaux. En 1861, Giuseppe Mazzini[28] publia un bref mais violent libelle, intitulé *La Sardegna*, dans lequel il s'occupe, entre autres, des problèmes hydriques et hydrauliques : « Partout l'on rencontre des rivières sans ponts, des sentiers noyés d'eau, des terres insalubres à cause d'eaux trop longtemps stagnantes, qui pourraient par les plus simples mesures aller se déverser au fond des vallées. » Ensuite, le père des républicains-unitaires propose synthétiquement une série de mesures concernant l'endigage, les ponts, les canaux d'écoulement, et une école normale pour les architectes civils et les ingénieurs.

L'adversaire idéologique de Mazzini, le républicain-fédéraliste Carlo Cattaneo[29] apporta lui aussi sa contribution avec un essai, publié sur le *Politecnico* en 1862, intitulé *Un premier acte de justice envers la Sardaigne*, qui est la continuation d'autres essais de l'illustre économiste milanais dédiés à l'île, et dans lequel il reprend sa proposition de deux années auparavant de la concession à la Sardaigne d'un prêt à investir dans une urgente série d'ouvrages publics, surtout de caractère hydraulique, « gérés par un vigilant intérêt local, avec la garantie financière de tous les biens *ademprivili*[30] féodaux transférés par acte législatif à un Fonds d'ouvrages hydrauliques pour la Sardaigne », en quelque sorte un *Ente Autonomo del Flumendosa*[31] avant l'heure...

Durant la période post-unitaire, les enquêtes parlementaires eurent pour intention d'apporter leur propre contribution au sujet. Longtemps souhaitées, soit par les députés sardes, soit par la pétition, en 1867, de 129 communes de l'île, elles devaient surtout servir à prendre la mesure des retards et des déséquilibres survenus dans l'île après l'Unité, précisément à cause de l'extension pure et simple, au Sud, de la législation piémontaise.

La première commission d'enquête parlementaire fut nommée en 1868, présidée par Agostino Depretis et composée des députés Sella, Ferracciu, Mantegazza, Tenani, Pescetto et Macchi. Elle opéra en Sardaigne entre le 24 février et le 25 mars 1869. Comme le raconte, ironiquement, la célèbre pièce de théâtre *Su Connottu*[32], située justement durant l'année de l'enquête, « la commission traversa rapidement villes et villages, parla peu, écouta comme elle put, prit le café, but le vin, mangea des douceurs, tout ce que les bonnes gens avaient préparé, banqueta homériquement, avec garniture de chants et de danses, et puis s'en retourna à Rome ; son rapport ne fut jamais présenté. »

En réalité, la commission ne parvint pas à élaborer une relation unitaire, ses actes furent enterrés dans le cimetière des « inachevés parlementaires ». Seule une partie en fut publiée dans les actes parlementaires de 1871, celle traitant par Quintino Sella[33] des « conditions de l'industrie minière dans l'île de Sardaigne, où est mise en évidence la *carence en eaux motrices* pour le transport du minerai extrait, avec la nécessaire conséquence de transporter le matériau dans les usines métallurgiques du continent, voire en Angleterre ».

C'est avec des résultats aussi médiocres que se conclut la deuxième enquête parlementaire. Celle-ci fut conduite par un unique protagoniste sarde, en la personne du député Francesco Salaris, dans le cadre d'une commission d'enquête agraire nationale présidée par Stefano Jacini[34]. Cette commission comprenait douze membres, dont quatre avait été nommés par le gouvernement, dont Salaris lui-même.

Le compte rendu du député sarde, publié dans les actes parlementaires de 1885, s'ouvre sur un chapitre consacré aux conditions hydrographiques de l'île, accompagnées de « suggestions » contenant une proposition générale pour le contrôle de l'eau. La méthodologie employée, tout en comprenant un matériau nombreux, cependant de seconde main, se ressent des origines gouvernementales du rapporteur. En outre, Francesco Salaris présenta son rapport avec retard, lorsque probablement celui de Stefano Jacini (justement loué par la critique historique) avait déjà été rédigé.

La troisième enquête parlementaire eut aussi un protagoniste unique, en la personne du député d'Ozieri, Francesco Pais Serra, à qui le gouvernement Crispi[35] confia, par décret du 12 décembre 1894, la charge de réaliser une étude *Sur les conditions économiques et la sécurité publique en Sardaigne*.

La relation de Pais Serra, publiée en 1896, est d'une grande importance, non seulement pour la connaissance du cadre économique général de l'île, mais aussi pour notre histoire de l'eau, par l'espace qu'y occupe le problème hydrique. Son douzième chapitre est entièrement consacré au rapport hydrographie / économie.

« Obstacles naturels, climatiques, orographiques, empêchèrent qu'en Sardaigne son sol pût bénéficier des fruits que sa richesse pouvait donner. Mais tout ne peut être imputé aux obstacles naturels, au contraire beaucoup à l'*ope legis*. Le complet abandon des eaux est une antique doléance.

« En Sardaigne, peu nombreux sont les fleuves ou les rivières qui ont un cours pérenne, et même ceux-là durant la saison sèche sont pauvres en eau. Au contraire, à la fin de l'hiver avec la fonte des neiges, et en automne, époque des grandes pluies, non seulement ces fleuves ou rivières, mais les plus petits torrents, gonflent, débordent et apportent la désolation dans les campagnes et les habitats. C'est ainsi que l'agriculteur, à cause de l'exécrable système hydrographique, a deux ennemis également funestes : la sécheresse et les inondations... Celles-ci offrent parfois un caractère si grave, causant souvent des dommages si considérables que pour les soulager il fut nécessaire de recourir aux libéralités du gouvernement qui, par un vote du Parlement, dut accorder des subventions, certes non insignifiantes, mais insuffisantes et tardives. Mais plus encore que les inondations sont nocifs les effets de la sécheresse, qui plus ou moins chaque année réduit une partie de la production en ruinant les terres cultivées et rendant difficile la survie du bétail qui, sans eau et en plein milieu de landes privées de toute végétation, subit des maladies et la mort. De plus, l'alternance des fortes pluies et de la sécheresse, couplée avec le défaut de rigoles d'écoulement, provoque la formation de marécages, même sur les hauts plateaux, et l'exhalaison, à cause des rayons du soleil estival, de miasmes qui vicient et empoisonnent l'air, lequel devient mortel, non plus seulement pour les étrangers mais aussi pour les Sardes eux-mêmes, empêchant les cultures en de nombreux lieux et décimant la population. »

Dans le chapitre de la relation de Pais Serra consacré à l'hydrographie, plus intéressantes que les causes nous paraissent être les conclusions et les propositions pour l'aménagement et l'utilisation des cours d'eau :

« Aujourd'hui, la difficulté ne réside pas dans le fait de ne pas tomber dans l'erreur ancienne de la non-multiplication des projets et des remèdes, mais dans le choix des plus efficaces parmi ceux qui sont aujourd'hui possibles. Les Sardes ont raison lorsqu'ils se souviennent douloureusement depuis combien de temps les maux de l'île furent exposés au Gouvernement, réclamant en vain des mesures, et c'est avec raison qu'ils se rappellent que non seulement les maux furent signalés mais aussi des remèdes proposés. Mais si ce fut le tort du Gouvernement de n'avoir pas entendu ces voix lorsqu'il en était temps, ce fut un tort commun d'avoir considéré la "question sarde" d'un point de vue exclusif, sans avoir compris la complexité et la relativité de la "question sarde" vis-à-vis de l'économie générale de la Nation en cherchant à proportionner les mesures réclamées avec les intérêts mutuels et à démontrer que la Sardaigne ne demandait pas des privilèges ni des exemptions fiscales, mais des mesures économiques qui, en favorisant la prospérité de l'île, auraient dans le même temps aidé l'Etat et la Nation tout entière. Mais parmi la multiplicité des remèdes qui ont été proposés ressort une vérité qui ne peut plus désormais être mise en doute, à savoir la nécessité de moyens exceptionnels pour l'île de Sardaigne. Il ne faut pourtant pas croire, comme pourraient le laisser supposer ces derniers termes, que l'exceptionnalité des moyens réclamés signifierait un privilège de bénéfices pour l'île. Quoique certains pourraient faire remarquer, non sans raison, que ce ne serait que justice ; car, pendant trop longtemps, plus par un défaut des choses que par la mauvaise volonté des hommes, elle a tellement été la favorite du malheur que la favoriser aujourd'hui ne serait qu'une juste réparation du passé, et qu'au lieu d'affaiblir l'égalité des régions, cela ne ferait que rétablir l'équilibre. Il est une opinion unanime, et que les autorités politiques admettent, qui est que la Sardaigne, de par sa propre formation géologique, son climat, ses conditions hydrographiques et sa tradition sociale, se trouve dans une situation tellement différente de l'Italie continentale qu'à elle s'adaptent mal ou le plus souvent nuisent les mesures et les lois qui dans le reste du Royaume conviennent ou ne nuisent pas. »

Eu égard à l'époque où elles furent rédigées, plus intéressantes encore nous semblent les suggestions techniques :

« Les difficultés d'un aménagement hydraulique en Sardaigne sont très nombreuses, que ce soit à cause de la grande quantité de terres recouvertes d'étangs et de marécages (qui dans la seule province de Cagliari s'étendent sur 19 000 hectares) ou à cause de leur altimétrie, car toutes ont un niveau extrêmement bas, de sorte que l'assèchement de ces marécages ne peut être fait à l'aide de la tourbe, que les fleuves n'apportent pas, mais il est nécessaire d'employer des moyens mécaniques, raison pour laquelle la question technique s'aggrave des sommes considérables nécessaires pour une telle masse de travail. Les aménagements hydrauliques dans le but d'empêcher les rivières et les torrents de déborder ne se présentent pas plus aisés, car les cours d'eau, qu'ils soient pérennes ou torrentiels, mesurent une longueur totale de mille kilomètres dans la seule province de Cagliari, et chacun voit bien les difficultés, entre autres financières, qui peuvent s'opposer pour endiguer et contenir un si long parcours des eaux... »

Enfin, Pais Serra réfléchit au problème du financement d'une manière neuve et originale :

« Je pense que le mal social et économique de l'île crée un gaspillage constant et un toujours moindre profit pour l'Etat et je suis en conséquence porté à croire que, s'il n'y a pas d'impossibilité technique, les relatives difficultés financières pourraient être surmontées dès lors que l'Etat anticiperait, pour ainsi dire, ce qui lui sera plus qu'au double restitué par l'augmentation naturelle d'une économie sarde améliorée. Et même, plutôt qu'anticiper il serait mieux d'employer des capitaux en travaux rentables au lieu de les dissiper en dépenses de pure perte. Si l'on pouvait additionner ce qu'ont coûté à l'Etat les subventions pour réparer les dommages des inondations et de la sécheresse, la moins-value, le moindre rendement des taxes et ainsi de suite, quels fruits n'auraient pas pu apporter tout ce capital bien employé, non point à combattre inutilement les effets mais à éliminer les causes du mal ! Il ne peut donc y avoir aucun doute que c'est dans l'intérêt bien entendu de l'Etat que de promouvoir de tels travaux...

« Pour faire, il faut commencer, et en faisant on n'aggrave pas le mal. Ce qui est souhaitable, c'est, en avançant graduellement, d'appliquer un plan préordonné complet, avec une méthode sûre et suivie de manière que les ouvrages à faire tirent profit des ouvrages déjà faits. Avant tout, il convient d'examiner si les instruments que nous fournissent les lois existantes peuvent être appliqués en Sardaigne. Quelles sont les lois qui régissent les travaux hydrauliques ? 1) la Loi du 29.5.1873 sur les bonifications ; 2) la Loi du 25.1.1882 sur les bonifications ; 3) la Loi du 30.3.1893 sur les ouvrages hydrauliques. Or, toutes ces lois sont inapplicables à la Sardaigne, que ce soit techniquement, financièrement ou administrativement. »

Techniquement : parce qu'un aménagement hydraulique de seuls ouvrages de défense n'a qu'un intérêt limité.

Administrativement : parce que la séparation que les diverses lois font entre les intérêts relatifs que l'on veut procurer ne se rencontre pas en Sardaigne, « où le long du bref cours d'un fleuve ou d'un torrent se croisent et se superposent tous les intérêts que les aménagements hydrauliques, les bonifications et l'irrigation doivent défendre, et pour chacun desquels intérêts la loi donne la délégation à un Organisme spécial, élu et représenté selon des normes particulières et indépendantes les unes des autres. Il a été plus facile au peuple d'Israël de s'entendre dans la confusion des langues et de terminer la construction de la Tour de Babel, que pour les divers Consortiums de s'entendre entre eux et d'exécuter les ouvrages à eux confiés sur un même terrain. Une telle séparation entre Organismes et Administration est un principe juste lorsque les intérêts sont distincts (ainsi qu'il advient pour les grands fleuves et les larges plaines du Continent), mais non (comme en Sardaigne) lorsqu'ils se confondent ».

Financièrement : parce que la pauvreté réelle de la Sardaigne est une raison évidente. Le principe régulateur de ces trois lois « est que la dépense pour les travaux soit supportée par ceux qui tireront un bénéfice desdits travaux. Mais, en Sardaigne, le fait de dire aux propriétaires, mais également aux Communes et aux Provinces, que les travaux se feront lorsque vous, année après année, concourrez aux dépenses, c'est comme dire, les lois de protection hydraulique, de bonification et d'irrigation ont été faites pour le bénéfice de l'Italie, à l'exclusion de la Sardaigne. Si donc l'on veut lever sérieusement les obstacles naturels qui s'opposent au développement de l'agriculture dans l'île, il n'est pas possible de ne pas envisager des modifications législatives à propos de la gestion de l'eau ».

A la réflexion, la relation de Pais Serra exprime une nouvelle philosophie de l'eau, qui est la suivante : l'Etat italien doit investir de l'argent en Sardaigne, non tant pour étancher l'antique soif des Sardes que pour augmenter la richesse nationale dans les domaines de la production agraire, industrielle et l'assainissement hygiénique.

Quant aux Sardes, il ne s'agit plus de rédiger les habituels cahiers de doléances, pleins de larmes et de lamentations, mais d'élaborer des données techniques prouvant la faisabilité et la productivité des grandes retenues hydriques. En ce sens, Pais Serra préfigurait la création d'un grand Organisme Autonome et d'un Plan général pour l'eau. Et c'est de cette nouvelle philosophie que naquit dès ce moment l'idée du grand bassin sur le fleuve Tirso.

Comme on le voit, il s'agit de la fin de l'idéologie de la Loi de clôture, des *tancas serradas a muru*[36] (enclos de pierres sèches), où l'on pouvait au moins enterrer, en période de sécheresse, crânes d'animaux et/ou crucifix !

Les « lois spéciales »

La première de ces lois, pour la Sardaigne, fut promulguée le 2 août 1897, n° 382, durant le ministère Di Rudini, dont faisait partie, comme ministre de l'Agriculture, le Sarde Francesco Cocco Ortu. Elle était la conséquence directe aussi bien de la relation de Pais Serra que d'une autre relation élaborée par une Commission pour l'aménagement hydraulique du territoire sarde qui légiférait sur l'administration publique, sur la sécurité publique, sur l'amélioration de l'agriculture, sur la taxe sur les alambics et, pour ce qui nous concerne ici, sur l'aménagement hydraulique.

D'autres lois et règlements pour leur réalisation furent promulgués par la suite jusqu'au Texte unique du 10 novembre 1907, n° 844, qui unifia toute la législation spéciale sur la Sardaigne : agences agricoles itinérantes, crédit agricole, ouvrages de voirie et portuaires, instruction publique, perception des impôts, abigéat, quinine, aussi bien que bassins et canalisations d'eau.

Mais en réalité ces bonnes intentions ne furent suivies d'aucun effet probant ; la Législation spéciale fut un échec.

Quoi qu'il en soit, il faut se souvenir que les gouvernements post-unitaires avaient déjà commencé à donner une réponse aux requêtes hydriques des deux villes principales de l'île, qui faisaient pression pour la construction d'aqueducs afin de remplacer les antiques systèmes d'approvisionnement. Cagliari était desservie par trois mille citernes environ dans lesquelles était emmagasinée l'eau de pluie, car les puits donnaient de l'eau saumâtre ; quant à Sassari, ses ressources principales provenaient des deux sources des faubourgs de Rosello et des Conce, à partir desquelles l'eau était transportée en ville par les typiques petits ânes porteurs de tonnelets en bois appelés *mesinas*.

Or, dès 1857, le Conseil communal de Cagliari avait adressé au président du Conseil des ministres du Royaume de Sardaigne, le comte de Cavour, un projet de retenue sur le rio Corongiu. Cavour répondit par une lettre envoyée à l'Intendant général de Sardaigne: « Examen fait, je me suis convaincu que cet ouvrage résultera être d'une grande utilité non seulement pour la ville de Cagliari mais aussi pour la Sardaigne tout entière. Tant que Cagliari manquera d'eau, son port sera dédaigné par les navigateurs et le commerce maritime restera stationnaire. A mon avis, cet ouvrage est le plus fécond en résultats utiles, le plus profitable à l'île qui se puisse entreprendre dans les circonstances actuelles. » Mais le comte de Cavour mourut en 1861 sans avoir vu construit l'aqueduc de Cagliari ; en revanche, il put assister à l'achèvement de deux belles prisons, celle de Buoncammino à Cagliari et celle de San Sebastiano à Sassari !

La digue sur le rio Corongiu[37] fut achevée en 1866 ; elle est le premier lac artificiel sarde et il constitue le bassin de retenue pour l'aqueduc de Cagliari, inauguré l'année suivante, et auquel vinrent se raccorder, dans la décennie suivante, les communes de Pirri, Monserrato, Selargius, Quartucciu et Quartu S. Elena.

Il faut cependant préciser que, une fois construites les conduites d'eau pour alimenter les fontaines publiques, le problème de l'eau courante à l'intérieur des habitations ne fut pas résolu pour autant. En effet, dans un anonyme *Vade-mecum pour les usagers de l'eau de Cagliari*, publié en 1877, il est indiqué que, tandis que les familles des possédants pourront effectuer les coûteux branchements, les familles indigentes ne pourront pas bénéficier de l'eau à l'intérieur de la maison, à cause du prix des conduites et des redevances élevées, et qu'elles devront continuer à faire la queue devant les fontaines gratuites (avec les bons vœux du « progrès humain » de la seconde moitié du XIXe siècle, positiviste et hygiéniste !).

En 1874, sous la pression de querelles de clochers entre la cité d'en haut et la cité d'en bas (Sassari et Cagliari), commencèrent les travaux de construction du lac de Bunnari[38], deuxième retenue d'eau potable sarde pour l'aqueduc de Sassari, inauguré en 1880.

Cependant, durant cette période où officie Francesco Cocco Ortu, la majeure partie des villages sardes, à cause du rapport faussé ville-campagne, étaient encore sans aqueduc.

Sans doute le Texte unique de la Loi spéciale de 1907 prévoyait-il la concession aux communes de 50% de la contribution aux dépenses pour la construction d'aqueducs, mais — comme l'écrivait Lei-Spano dans son beau livre sur *La Question sarde*, publié juste à la fin de la Première Guerre mondiale, celle des « intrépides » soldats sardes de la *Brigata Sassari* — « les Communes sardes étant obérées de dettes et étant pour la majeure partie tellement microscopiques au point de ne pouvoir payer un médecin ou un maître d'école, elles ne peuvent supporter la charge de l'autre partie ; c'est ainsi qu'un document officiel a pu constater que plus de la moitié des commules habitées par les "intrépides" boivent de l'eau fétide et malsaine, laquelle procure les délices de la cachexie, de la tuberculose, du typhus qui favorisent la décimation de ces êtres résignés, qui ne connaissent pas même de nom la prétendue gratitude nationale ».

Cette citation d'un ouvrage publié juste avant la prétendue révolution fasciste est un texte d'une grande importance pour la question sarde en général, et pour la question hydrique en particulier. La réflexion de Lei-Spano est la suivante : les maux de la Sardaigne sont anciens mais, en vérité, les promesses des gouvernements post-unitaires n'ont pas été tenues ; d'une étude du ministre des Travaux publics lui-même, il résulte que durant la période qui va de 1861 à 1910, la répartition des dépenses pour les ouvrages hydrauliques a été la suivante : 25% pour l'Italie septentrionale, 23% pour l'Italie centrale, 50,5% pour l'Italie méridionale, 1,5% pour la Sardaigne.

Mais même à l'intérieur de ce misérable chiffre, les résultats obtenus ont été inférieurs à ceux espérés, pour les motifs suivants : 1) la difficulté d'aménager les écoulements en plaine sans avoir d'abord régularisé les eaux torrentielles en montagne ; 2) l'insuffisance et l'incapacité du Génie civil ; 3) les prétentions exorbitantes des propriétaires et leur opposition à l'exécution des projets ; 4) l'insuffisance technique et morale des adjudicataires ; 5) la malaria et les mouvements telluriques.

« L'actuelle grande guerre — continue Lei-Spano — a valu à la Sardaigne d'énormes sacrifices de sang, mais aucune des causes de richesse qui ont été prodiguées à des régions où l'on a œuvré pour le défaitisme et la ruine de la Patrie. Le ministre Boselli nous avait donné pour certain un Commissariat civil qui aurait eu la charge de dépenser pour les îles au moins *une centaine de millions* à puiser dans les divers chapitres qui forment l'arbre touffu du discours législatif italien. Et au contraire, une fois le Campidano envahi par les eaux, un second décret fut promulgué par lequel était accordé *un million* pour reconstruire les ouvrages détruits, pour la réédification desquels il avait déjà été réclamé au moins une dizaine de fois. Aujourd'hui encore, le Coghinas attend son endiguement, et tandis que l'on recommande aux Sardes de cultiver l'homonyme champ, celui-ci a été cette année, pour la troisième fois, envahi par les eaux, après avoir été ensemencé avec de lourds sacrifices. »

Pour Lei-Spano, la législation spéciale du Texte unique de 1907 est elle-même inadéquate. Les fonds en question se sont révélés insuffisants. En outre, au moment même où le député Edmondo Sanjust, auteur d'une relation sur *Aménagement hydraulique, bonifications, forces motrices et installations électriques* et coordinateur des lois spéciales, proclamait, au congrès des Sardes tenu en 1914 à Castel S. Angelo, la faillite de la législation spéciale, le gouvernement italien approuvait un décret-loi qui concédait 150 millions au *Mezzogiorno*[39], Sardaigne exclue, au motif que les fonds accordés à celle-ci par cette même législation faillie, devaient suffire. Ajoutons que les Sardes devaient tenir compte que les aménagements hydrauliques programmés par les lois spéciales n'étaient pas réalisés directement par l'Etat, mais donnés en concession par l'Etat, avec une contribution fort respectable, à qui voulait assumer la charge de leur réalisation.

Il vaut la peine de citer, car en quelque sorte encore actuelles, les dernières considérations de Lei-Spano à propos des problèmes hydriques de la Sardaigne.

« Les Sardes — et particulièrement les jeunes, dont le présent et l'avenir ont toutes les raisons d'espérer en eux — doivent se souvenir que la Question sarde est un problème d'étude et de culture, tandis que la solution des problèmes est une question de volonté. C'est le fait de peuples arriérés que de rester à se lamenter éternellement de l'ingratitude des autres, de ses propres mauvaises conditions et de la dureté de son propre sort, sans rien faire pour les changer en mieux. L'amélioration économique et morale de quelque terre que ce soit n'est jamais l'œuvre du hasard, elle a toujours besoin d'être stimulée par le labeur assidu d'hommes attachés, dans la conquête de leur intérêt propre, à rejoindre l'intérêt général. Cela se peut aussi chez nous, qui pourtant avons des oppositions naturelles à vaincre, avec des études approfondies qui puissent servir à convaincre les pouvoirs publics et tous les Italiens de la grande valeur de notre île et de ses habitants, exemples d'un peuple qui, parmi les déséquilibres qui agitent la vie sociale actuelle, a conservé pures et saines toutes les énergies d'une race fière mais douce, opiniâtre dans ses passions et ses aversions, mais encore bonne et généreuse, ce qu'elle a montré dans l'exercice des vertus civiles comme sur le terrain des gloires militaires. La tâche n'est pas facile, car l'île, à cause de tous les travaux qui la doivent transformer, offre une telle matière à étude qu'elle requiert une application continue non dans les mots mais dans un patient travail de recherche de données et de faits, sur la base desquels il sera seulement possible de se faire entendre dans la démonstration de ce postulat: combien vaut aujourd'hui la Sardaigne ? Combien pourrait-elle valoir si l'Etat y dépensait, disons, un demi-milliard ?...

« Tous nos efforts doivent tendre à ceci : démontrer, avec de sûrs arguments, spécialement avec des chiffres, la grande valeur matérielle et morale de notre île. Après quoi nous aurons le droit d'attirer l'attention de l'Italie sur notre problème et de demander aux pouvoirs publics qu'en raison des torts que nous avons subis dans le passé, une meilleure considération ne nous soit pas déniée. Ce qui sera un bien pour la Nation elle-même. »

C'est ainsi que, forts de notre ultérieure mémoire historique plutôt sceptique, nous sommes obligés de conclure que Lei-Spano, Sarde fidèle quoique plaintif, se lamente lui aussi des torts faits aux Sardes tombés au combat, ces treize mille jeunes Sardes morts dans les rangs de la *Brigata Sassari,* ces « Sardes intrépides » comme les nomma un général mort, lui, intrépidement, nonagénaire, dans son lit.

Le fascisme

Le fascisme lui aussi vint de la mer, et il débarqua dans l'île en « vainqueur » avec tout son attirail « squadriste»[40] : chemises noires, bottes noires, fanions noirs et noirs poignards pour couper sa bosse à Gramsci et sa barbichette à Lussu. Et comme toujours dans la longue histoire des « vaincus-convaincus », les intermédiaires sardes ne firent rien d'autre que changer la couleur de leurs chemises. Acceptant une nouvelle logique extérieure, sans lui opposer aucune logique interne, tant sur le plan économique que sur le plan culturel.

Malgré cela, en ce qui concerne l'histoire de l'eau, le régime fasciste représenta une frénétique stimulation des aménagements hydrauliques, en partie due à la fameuse Loi du milliard (n° 1931, du 6 novembre 1924), en vertu de laquelle l'île disposait de mille millions, sur dix ans, pour des ouvrages publics, en reconnaissance de la dette de sang due par la Nation aux « intrépides » Sardes durant la Première Guerre mondiale.

En réalité, le financement de la Loi du milliard fut décidé, d'une part, pour intégrer dans le régime les revendications sardistes et, d'autre part, pour faire entrer la périphérique Sardaigne dans le système de la « dictature » capitaliste, c'est-à-dire de l'idéologie fasciste, centraliste, bureaucratique et technocratique. En fait, les « groupements » de technocrates, débarqués en Sardaigne, composés d'experts en ingénierie hydraulique, en technique agraire et en sociologie des anciens combattants, représentent l'aspect nouveau du « capitalisme totalitaire » du nouveau régime. Le groupement agraire de Serpieri, le groupement hydro-électrique de Dolcetta-Omodeo et le groupement de l'Oeuvre nationale des combattants d'Alberto Beneduce éclairent l'idée fasciste d'une nouvelle politique de l'eau, non plus simplement liée à la bonification de la campagne, mais aussi et surtout au développement industriel de la ville, au moyen de la production d'énergie électrique par l'eau, ce charbon blanc. Les Lois Serpieri réunirent ensemble les intérêts du groupement privé *Società Elettrica Sarda* et l'Oeuvre nationale des combattants d'Alberto Beneduce, le futur créateur de l'*IRI* (*Istituto per la Ricostruzione Industriale*).

En réalité, une fois encore, en Sardaigne, le « maître de l'eau », cette fois sous l'égide de la dictature patriotique, ne tint pas compte de l'expropriation par le privé de l'argent public et, naturellement, de la campagne par la ville.

En 1924 fut inauguré le bassin du Tirso. L'idée d'un bassin avec pour fonction spécifique de régulateur des crues remontait, comme nous l'avons vu, au siècle précédent, au temps du baron Manno et du compte rendu de Pais-Serra, mais le projet avec une finalité d'usage hydro-électrique fut préparé et réalisé par l'ingénieur Omodeo, auteur de la brochure *L'Ile des lacs* et modeste donateur de son nom au bassin. (Rappelons qu'y travailla aussi l'ingénieur Dino Giacobbe, le grand « chef nuragique », le dernier des Mohicans sardes, le plus haut exemple de sarditude dans la lutte contre la tyrannie.)

Le bassin, d'une capacité de 374 millions de mètres cubes d'eau, à l'époque le plus grand lac artificiel d'Europe, fut utilisé dans trois directions : régulation des crues, production d'énergie électrique, irrigation. Le premier barrage, dans la zone de Santa Chiara, donna lieu au premier saut des eaux et à la première centrale hydro-électrique. Quelques années plus tard, un deuxième barrage, dans la zone de Busacchi, créa un deuxième saut et la deuxième centrale hydro-électrique, dont les eaux refluentes furent utilisées pour la bonification de Su Sassu, où devait s'élever la future ville de Mussolinia.

L'idée d'une cité « rurale », dédiée à Mussolini, naquit, durant les travaux de construction de la digue sur le Tirso, de la déduction sur l'usage des eaux de décharge après la production de l'énergie électrique ; celles-ci furent utilisées pour irriguer les champs de la nouvelle « colonie rurale », peuplée de 4000 colons venus du Continent, activation du mythe mussolinien de la « bataille du blé » et des grandes masses paysannes, prolétariennes et prolifiques. (Mussolinia fut inaugurée, une première fois, par le roi Vittorio Emanuele III, le 28 octobre 1928, puis une seconde fois, par Mussolini, le 9 juin 1935 ; à partir du 17 février 1944, elle prit le nom d'Arborea.)

En 1927 fut inaugurée la digue sur le fleuve Coghinas, avec une capacité de 242 millions de mètres cubes d'eau, dans un but principalement hydro-électrique, avec quatre groupes de turbines, les eaux refluées étant ensuite utilisées pour l'irrigation. (L'idée de ce bassin sur le Coghinas remontant elle aussi à la période post-unitaire.)

Cette même année 1927 fut achevé le grand aqueduc de Domusnovas, exemple classique des retards en terre de Sardaigne, puisque le projet en fut élaboré par l'architecte G.B. Mola en 1647, en pleine domination espagnole, pour ravitailler Cagliari en proie à la sécheresse: ainsi deux cent quatre-vingts ans durent passer avant qu'il ne soit réalisé, et une nouvelle fois sous la pression d'une autre année de sécheresse.

En 1930 furent inaugurés les aqueducs d'Oristano, de Morgongiori, de Mandas, de Barumini et de Baressa.

En 1932 fut achevé le second bassin de Bunnari (le premier l'ayant été en 1880), d'une capacité de 1 580 000 mètres cubes d'eau, pour l'approvisionnement hydrique de Sassari ; la même année, on construisit le bassin du Nasca, dans l'île de San Pietro, pour fournir de l'eau potable.

En 1933, le barrage sur le rio Mogoro fut terminé, d'une capacité de 10 500 000 mètres cubes d'eau, destiné à modérer les crues, ainsi qu'à d'autres fins telles que l'irrigation, l'industrie, l'eau potable.

En 1937 fut mis en chantier le bassin de Sinnai, sur le rio Santu Barzolu, à usage d'eau potable ; plus tard il fut remplacé par le bassin Sinnai N° 2.

En 1939, le troisième bassin sur le Corongiu vit le jour pour l'approvisionnement de la ville de Cagliari, avec une capacité totale pour les trois bassins de 5 620 000 mètres cubes d'eau ; le premier datait de 1866, le second de 1915, mais en 1969 le premier fut détruit à la dynamite, avec pour conséquence une diminution de 920 000 mètres cubes d'eau. La même année furent achevés les travaux du bassin de Sa Vena Longa, pour l'approvisionnement de l'île de La Maddalena.

Précisons que le naturel développement historique de la Sardaigne, indépendamment de l'idéologie fasciste, avait produit dans l'île une demande d'eau en augmentation, soit du fait des besoins industriels, soit pour les usages hygiéniques et d'eau potable, ou pour l'emploi en devenir des appareils domestiques ; c'est pourquoi la demande augmenta, de la part des communes sardes, d'aqueducs qui pussent capter des sources même lointaines, car au moins 174 communes restaient sans aqueducs.

Un recensement effectué en 1931, par la Section hydrographique du Génie civil de Cagliari, indique que, pour tout le territoire de l'île, 26 000 sources d'eau furent comptabilisées, mais presque toutes étaient d'importance modeste ; de là une exigence de bassins artificiels qui empêcheraient l'écoulement vers la mer des précipitations annuelles.

Mais désormais l'activisme hydraulique du régime mussolinien était sur son déclin. En fait, la période fasciste, en Sardaigne, se caractérise par deux phases. La première, de 1922 à 1933, se signale par l'engagement du gouvernement central sur les thèmes de la « question sarde » et, par voie de conséquence, de la « question hydrique » ; tandis que la seconde phase, de 1934 à 1939, marque le désengagement vis-à-vis de la thématique insulaire, qui s'origine dans l'idéologie du régime par la priorité donnée aux tendances colonialistes et impérialistes qui mèneront à la guerre d'Afrique, puis à la guerre d'Espagne, et enfin, en 1939, à la Seconde Guerre mondiale.

L'après-fascisme

La chute du fascisme, le 25 juillet 1943, et la fin de la guerre en Sardaigne, le 8 septembre de la même année, pratiquement coïncident, contrairement aux autres régions italiennes, où la guerre continua jusqu'en 1945. Dans un premier moment, le pouvoir civil, dans l'île, fut exercé par la Commandement militaire allié, mais le 27 janvier 1944 fut nommé un Haut Commissaire sarde, en la personne du général d'aviation Pietro Pinna, flanqué d'une Junte consultative de six membres, provenant du Comité national de Libération, lequel sera transformé, le 28 décembre 1944, en Assemblée régionale, composée de 18 membres des partis démocratiques et des organisations syndicales ressuscités.

Ainsi commença une saison de grandes espérances démocratiques, de grandes promesses démocratiques, de grandes menteries démocratiques et de grande faim démocratique.

Sur le plan culturel, la Sardaigne passa de l'acculturation fasciste à l'acculturation *made in USA :* jazz, boogie-woogie, cigarettes Camel, chocolat pour les demoiselles, westerns et films de gangsters : en somme, le *miga*[41] sarde qui parlait l'*italiese* passa à l'*americanese*.

Sur le plan structurel, rien ne changea : capitalisme fasciste et capitalisme démocratique, Etat centralisateur fasciste et Etat centralisateur démocratique sont la même musique, même si les musiciens ont changé.

Les conditions de vie dans l'île devinrent vite insupportables : 200 000 soldats continentaux de l'armée défaite en déroute, sous-alimentés, sans moyen de rejoindre leur foyer ; violences, vols, viols, attaques, abigéat, enlèvements de personnes ; criquets ; et surtout marché noir.

De la mer, sur d'aventureux voiliers, vinrent les grands trafiquants continentaux, avec les *am-lire*[42] faciles, pour acquérir, à des prix plus élevés que ceux du marché insulaire, les traditionnels produits de la terre sarde : viande, huile, fromage, laine, peaux. Le résultat fut une inflation sauvage, avec des prix inabordables pour les bas revenus des travailleurs sardes. Certains proposèrent, pour freiner cette inflation, de faire circuler en Sardaigne uniquement des billets de la Banque d'Italie estampillés des Quatre Maures : ainsi naquit l'idée d'un séparatisme monétaire !

Mais on rigola un peu aussi. Aux élections de 1946 pour l'Assemblée constituante, un candidat, un certain avocat Marche, originaire du lieu mais venu lui aussi de la mer, lors d'une réunion à Sassari devant 20 000 personnes, promit, pour obtenir des voix, un pont en fer entre Olbia et Civitavecchia ! Il eut la fin de S. Andrea qui, attaché à la croix, tint en haleine 20 000 chrétiens avec une seule prière, mais personne ne le détacha ; de même l'avocat tint-il en haleine 20 000 électeurs, mais personne non plus ne vota pour lui !

Pourtant, c'est durant cette période de grande crise historique, entre 1943 et 1949, que la politique de l'eau ne connut, elle, aucune crise, au moins sur le plan du planning et de l'acquisition de grands navires, si ce n'est sur celui d'une gestion correcte et d'une solution rationnelle des problèmes liés à l'impact sur le milieu ambiant.

Et c'est en 1946 que fut créé l'*Ente Autonomo del Flumendosa.* Les essais pour l'exploitation hydro-électrique du Haut Flumendosa avaient été commencés depuis 1928, par la *SES (Società Elettrica Sarda)*, puis interrompus en 1931, repris en 1941, avec l'emploi de prisonniers de guerre, de nouveau interrompus en 1943, repris une nouvelle fois entre 1947 et 1949, date à laquelle entrèrent en fonction les trois centrales hydro-électriques, correspondant à trois barrages (Bau Mela, Bau Mandara et Bau Muggerris) ; ces trois retenues, reliées entre elles par un système de conduites forcées, ont une capacité totale de 58 240 000 mètres cubes d'eau, les eaux de reflux servant également pour l'irrigation de la plaine d'Arbatax.

Durant cette même période de 1943 à 1949 furent achevés les aqueducs de Santadi, Giba, Pula, Villa San Pietro, Sarrok, Domusdemaria et d'autres plus modestes. Un recensement de 1949 indique que les aqueducs en fonction en Sardaigne se montent à 291 pour 348 centres habités, c'est-à-dire en notable accroissement par rapport à la période fasciste, mais encore en nombre insuffisant pour une société civile avancée.

Une Région à statut spécial

Le 8 mai 1949 fut élu le premier Conseil de la Région autonome de Sardaigne, à statut « spécial ».

S'il est exact que ce ne sont pas les institutions qui changent les hommes, mais l'inverse, il est cependant vrai que l'institution de la Région détermina une avancée en direction de l'autonomie, c'est-à-dire une volonté de programmer les problèmes de l'île selon la logique des Sardes, et donc de renverser l'antique et séculaire destin des « vaincus ».

A posteriori, il semble bien que les choses ne soient pas allées conformément aux attentes et aux espoirs.

Le fait est, disait Emilio Lussu, que l'Autonomie est née comme un cerf mâle, avec des cornes. Cette métaphore voulait signifier que la programmation en question fut faite certes de bonne foi, mais selon une logique étrangère à la vocation de l'île et suivant des modèles provenant d'autres contextes.

D'un point de vue historique, c'est à la monoculture pétrochimique que l'on peut sans aucun doute attribuer la catastrophe anthropologique et économique qui a englouti inexorablement d'énormes masses d'investissements publics, souvent annexés par le privé. Pour ce qui regarde notre sujet, on peut accuser cette catastrophe d'avoir englouti, inutilement, l'eau utile.

Ce nonobstant, s'il existe une ligne d'actif dans le bilan largement passif des premières trente-cinq années d'autonomie, c'est celle de l'eau.

Les grands aménagements

Dès les premiers jours de l'institution de la Région, la philosophie de l'eau fut, en résumé, la suivante : 1) en Sardaigne, ce sont en moyenne 18 milliards de mètres cubes de précipitations annuelles ; 2) à peu près la moitié retourne dans l'atmosphère par évaporation, transpiration, action des vents, ou bien elle s'infiltre dans la terre, se perdant en nappes difficiles à atteindre ; 3) un quart reflue vers la mer que l'on ne peut retenir pour des raisons géo-lithologiques, morphologiques, topologiques, comme la présence de basses plaines et l'absence de bassins de retenue ; 4) l'autre quart, de plus de quatre milliards cinq cents millions de mètres cubes, est disponible pour être recueillie dans des lacs artificiels.

Dans ce contexte, on se mit à développer aussitôt d'opiniâtres projets de bassins de retenue, en même temps qu'une difficile recherche de financements qui eussent échappés à la « milliardophagie » pétrochimique !

En 1950, la nouvelle-née *Cassa per il Mezzogiorno* (*Casmez*) autorisa l'*Ente Autonomo del Flumendosa* (*EAF*) à entreprendre les travaux de construction de deux grands barrages, l'un sur le Moyen Flumendosa, à Nuraghe Arrubiu, l'autre sur le rio Mulargia, à Monte Su Rei.

Ainsi se poursuivit la série entreprise par l'*EAF*, l'organisme qui, plus que d'autres, a, durant cet après-guerre, conduit la « bataille de l'eau », avec deux générations de techniciens hautement spécialisés, fermes dans leur engagement de donner à la Sardaigne une solution globale au problème de l'eau.

Entre 1950 et 1957 fut mené à bien le principal système hydrique jusqu'alors existant en Sardaigne, c'est-à-dire le barrage de Monte Su Rei, d'une capacité de 310 millions de mètres cubes d'eau, et celui de Nuraghe Arrubiu, d'une capacité de 260 millions de mètres cubes, et reliés entre eux par un tunnel.

Plus récemment a été achevé, à l'intérieur de ce même système, un troisième barrage sur le rio Flumineddu, d'une capacité de 260 millions de mètres cubes d'eau, relié au barrage de Nuraghe Arrubiu pour un transfert de 35 millions de mètres cubes par an.

Ce grand système hydrique est utilisé à plusieurs fins : hydro-électricité (centrales d'Uvini et de Santu Miali), irrigation (transformation foncière du Campidano central et méridional selon des plans élaborés spécifiquement par l'*EAF*), eau potable (alimentation des deux petits barrages Sa Forada et Casa Fiume, et de nombreux aqueducs du Campidano et de Cagliari), industrie (alimentation de la zone industrielle de Sarrok-Machiareddu-Elmas-Villacidro[43]).

En 1951 fut achevé le bassin de Monte Pranu, sur le rio Palmas, d'une capacité de 50 millions de mètres cubes d'eau, destinée à l'irrigation et aux industries du Sulcis.

En 1953, ce fut le tour du barrage sur le rio Govossai, dans la région de Fonni, d'une capacité de 2 590 000 mètres cubes d'eau, destinée à alimenter un ensemble d'aqueducs à Nuoro, Oliena, Orgosolo, Mamoiada, Gavoi, Ollolai, Ottana, Sarule, Orani, Oniferi, Orotelli et Dorgali[44].

En 1954, c'est le barrage de Monte Poni qui vit le jour, sur le Haut Cixerri, pour une capacité de 1 090 000 mètres cubes d'eau à destination de l'industrie charbonnière de la région du Sulcis.

En 1956, construction du barrage sur le rio Bidighinzu, à Monte Ozzastru, d'une capacité de 11 millions de mètres cubes d'eau, pour alimenter l'aqueduc de Sassari et de 25 autres communes de la province, dont Alghero et Porto Torres.

La même année, achèvement du barrage de Casteldoria, sur le Bas Coghinas, d'une capaçité de 3 500 000 mètres cubes d'eau, à des fins d'hydro-électricité, d'irrigation et industrielles pour la *SIR* (*Società Italiana Resine*) de Porto Torres.

Toujours en 1956, achèvement du barrage de Sos Canales, près du lieudit Sos Vaccos sur le Haut Tirso, d'une capacité de 3 580 000 mètres cubes d'eau, pour alimenter les aqueducs de 27 communes du Goceano, du Logudoro et de la Gallura[45].

En 1958 fut réalisée la retenue de San Leone, sur le rio Santa Lucia, d'une capacité de 200 000 mètres cubes d'eau, à usage industriel et/ou d'irrigation.

1960 : barrage sur le rio Posada, au lieudit Maccheronis, d'une capacité de 25 millions de mètres cubes d'eau, entièrement destinée à l'irrigation de la plaine de Siniscola.

1961 : barrage de Calamaiu, sur le fleuve Liscia, d'une capacité de 104 millions de mètres cubes d'eau gérés par l'*ETFAS* pour l'irrigation et par l'*ESAF*[46] pour l'eau potable, et disponible également pour une centrale électrique.

Cette même année fut aménagée la retenue sur le Bas Temo, à Monte Crispu, en amont de Bosa, construite directement par l'Inspection des Travaux publics, et d'une capacité de 30 millions de mètres cubes d'eau, mais qui ne semble pas avoir résolu le problème de la défense de l'habitat de Bosa contre les inondations récurrentes dues au fleuve Temo[47].

1962 : achèvement du système hydrique du Taloro, en aval du lac Govossai et en amont du lac Omodeo, comprenant les trois bassins artificiels de Gusana, Cucchinadorza et Benzone, reliés entre eux, d'une capacité totale de 705 830 000 mètres cubes d'eau, à usage hydro-électrique, industriel et d'irrigation. Par la suite, le bassin sur le rio Torrei, au nord de Desulo, intégrera ce système, avec une capacité de trois millions de mètres cubes d'eau, pour l'alimentation des aqueducs de la Barbagia et du Mandrolisai[48].

1966: achèvement du bassin de Punta Gennarta, sur le rio Canonica, dans le Haut Cixerri, au nord d'Iglesias, d'une capacité de 12 200 000 mètres cubes d'eau, pour l'irrigation et l'alimentation en eau potable.

1967 : construction de la petite retenue sur le rio Coxinas, au nord de Villacidro, d'une capacité de 150 000 mètres cubes d'eau potable.

La même année est construit, par la *Società Agricola Italiana*, le bassin sur le rio Serra, au lieudit Surigheddu, près d'Alghero, d'une capacité de 2 120 000 mètres cubes d'eau, aux fins d'irrigation, mais plus tard il sera aussi utilisé pour l'approvisionnement hydrique de la cité catalane.

Dans les quinze années suivantes (1968-1983) furent construits une dizaine d'autres barrages :

1-2) le système hydrique du Consortium de la Nurra, formé de deux retenues reliées entre elles, l'une sur le Haut Temo, à Monteleone Roccadoria, d'une capacité de 68 millions de mètres cubes d'eau, l'autre sur le rio Cuga, à Monte Attentu, dans la campagne d'Uri, d'une capacité de 25 millions de mètres cubes d'eau, toutes deux destinées à l'irrigation de la Nurra ;

3) le bassin de Bau Pressiu, sur le rio Mannu de Narcao, d'une capacité de 8 500 000 mètres cubes d'eau destinée à alimenter l'aqueduc du Sulcis ;

4) le barrage sur le fleuve Cedrino, d'une capacité de 30 millions de mètres cubes d'eau ;

5) le bassin de Monte Lerno, dans la campagne de Pattada, d'une capacité de 75 millions de mètres cubes d'eau pour l'irrigation de la plaine de Chilivani et l'exploitation de l'aqueduc du Goceano ;

6) le barrage sur le rio Leni, à Monte Arbus, d'une capacité de 17 millions de mètres cubes d'eau ;

7) le petit lac de Rio Sa Castanza, dans la campagne de Loiri, d'une capacité de 200 000 mètres cubes d'eau destinée à l'aqueduc d'Olbia ;

8) le barrage de Santa Lucia di Girasole, d'une capacité de trois millions de mètres cubes d'eau ;

9) la retenue du Flumineddu, déjà signalée, à l'intérieur du système hydrique du Moyen Flumendosa ;

10) les quatre barrages de l'étang de Simbirizzi à Quartu S. Elena, qui ont donné lieu à une retenue de 30 millions de mètres cubes d'eau, destinée à assurer, jusqu'en 2031, l'approvisionnement hydrique de Cagliari et de la côte sud-orientale de la Sardaigne jusqu'à Villasimius.

A l'heure actuelle (1986), les bassins artificiels, sans compter les petits bassins de collines, sont au nombre de 45 et contiennent une quantité d'eau de près de deux milliards de mètres cubes. Mais afin d'éliminer la disparité entre « eaux retenues » et « eaux à retenir », il resterait, sur la base des estimations précédemment mentionnées, à retenir une quantité d'eau égale à deux milliards et demi de mètres cubes, soit à supposer la construction de 45 nouveaux bassins artificiels...

A l'horizon 2031

Bien que le rôle de l'historien — dont la tâche est d'enquêter dans le passé, sur le déjà-fait — ne soit pas celui d'un futurologue, il peut toutefois compiler les hypothèses formulées, dans notre cas de « l'histoire de l'eau en Sardaigne », par les théoriciens et les techniciens du problème hydrologique sarde. D'ailleurs la littérature sur le sujet est abondante, presque plus que l'eau qui coule des sources de notre île !

Il reste à s'interroger sur la faisabilité du vaste matériau existant (enquêtes, études, statistiques, analyses de chercheurs isolés, de groupes de travail, de ministères, de sociétés, consortiums, instituts), afin qu'il n'arrive pas ce qui advint aux personnages d'un roman de Hermann Hesse, un groupe de scientifiques, enfermés dans une citadelle universitaire, occupés toute leur vie à accumuler des analyses préparatoires pour un projet dont ils ne parviendront pas finalement à faire une synthèse opérationnelle et qui mourront tous ensevelis sous les pesants volumes accumulés dans leurs archives.

Risque certes improbable, mais en un certain sens déjà envisagé par la Région sarde, qui a confié à l'*EAF* l'élaboration d'un Plan général des eaux en Sardaigne[49] comme première phase pour l'unification des plans et projets sur tout le territoire de l'île, dans la perspective de la demande d'eau en 2031 — comme pour signifier la volonté de remédier aux erreurs de la programmation économique passée et de recommencer la longue route du « renouveau », en partant justement de l'eau, « principe premier de toutes choses », selon un antique philosophe grec, de la franciscaine « sœur eau, très utile et humble et précieuse et chaste »...

Ainsi est-il possible d'indiquer, dans le cadre de cette histoire de l'eau en Sardaigne, deux périodes dans la future « philosophie de l'eau », celle, technique, du projet, et celle, politique, de la gestion.

Deux précautions doivent être prises en compte dans la première période. Il ne semble pas en effet avantageux, du moins pour des motifs strictement économiques, de prévoir des installations de dessalement de l'eau de mer à usage industriel, eu égard à la peu probante et unique expérimentation effectuée par la *SIR (Società Italiana Resine)* sur le pôle industriel de Porto Torres ; non plus que d'envisager le soulèvement des eaux souterraines ou le retraitement des eaux d'égouts.

Cependant la politique des retenues est toujours valide.

Pour les projets concernant l'eau potable, il convient de reconsidérer la chaîne bassins-purification de l'eau-réseau hydrique, de manière à garantir un approvisionnement continu et sans rationnement. Sans doute, par rapport à un passé encore récent, la jouissance de l'eau a-t-elle énormément changé. Actuellement, 95% des foyers sardes ont l'eau courante, avec une moyenne journalière de 250 litres par habitant (mais c'est comme pour les fameux poulets de Trilussa[50], si tu manges deux poulets et moi aucun, les statistiques affirment tout de même que, toi et moi, nous mangeons chacun un poulet !), mais le réel problème est de fournir de l'eau courante toute l'année et durant toute la journée, sans rationnement, en particulier pendant la période estivale caractérisée par un énorme afflux de touristes.

Trois réflexions nous viennent à propos de la seconde période (celle de la gestion).

La première réflexion a été mise en relief par le géographe Pasquale Brandis et concerne les « erreurs dans la localisation géographique d'activités industrielles notoirement utilisatrices de considérables quantités d'eau, telles que les industries pétrochimique et papetière, implantées dans des régions pauvres en eau plutôt que dans celles qui sont riches en eau ».

La deuxième concerne la recherche d'un juste rapport entre retenues d'eau et milieu naturel, c'est-à-dire d'une juste appréciation socio-économique du rapport ville-campagne et des compensations relatives aux territoires supportant des retenues d'eau.

La troisième est relative à la gestion des ressources hydriques de ces retenues d'eau. Citons à ce propos Felice Ippolito[51] : « Si l'exploitation de l'eau est abandonnée à l'initiative de producteurs privés, le marché ne pourra garantir que le revenu national sera maximisé, tandis que certains producteurs, en position dominante, seront en mesure d'augmenter leurs propres profits par un usage incorrect de l'eau, en se déchargeant des charges sur d'autres producteurs moins favorisés, par un procédé qui porte le nom de "déséconomies externes technologiques". Il est clair que ce problème ne peut être résolu que par une réglementation publique. Mais pas n'importe laquelle. La réglementation publique est une condition nécessaire mais non suffisante pour une gestion correcte de la ressource hydrique, car si la ressource hydrique ne peut être laissée à l'initiative privée, elle ne peut non plus être abandonnée à la seule volonté des pouvoirs publics, par l'entremise desquels rentreraient inévitablement dans le jeu des intérêts privés et sectoriels. »

On le voit, notre histoire se termine là où elle a commencé, avec les « maîtres de l'eau », cette fois, espérons-le, non en termes de « magie » et de « despotisme », mais sous le signe de la « rationalité » et de la « démocratisation ».

Notes

1) Nuragique : de l'époque des nuraghes, constructions tronconiques en gros blocs de pierre réparties sur tout le territoire de l'île, 1500-500 av. J.-C. (*Toutes les notes sont du traducteur.*)
2) Le Tirso est un fleuve de 150 km de long, qui débouche dans le golfe d'Oristano.
3) Antiques populations nuragiques.
4) Timée : philosophe grec pythagoricien (Ve siècle) ; Claudio Eliano : philosophe romain de langue grecque (165-235).
5) Cités de l'Ouest Sud-Ouest, à l'exception d'Olbia, au Nord-Est.
6) La plupart de ces sites antiques ou plus récents sont mentionnés dans le guide *Sardegna* du Touring Club Italiano. Ceux qui n'y figurent pas ont peut-être disparu ou changé de nom au cours de l'Histoire.
7) Othon : empereur romain (32-69) qui ne régna que quatre mois (janvier-avril 69).
8) Le fleuve Flumendosa (122 km) prend sa source dans les monts du Gennargentu et se jette dans la Méditerranée au Sud-Est de l'île.
9) Voir la note 6.
10) « On nomme "palais du roi barbare", à Porto Torres, les vestiges romains les plus importants qui se trouvent au centre de la ville et qui faisaient partie d'un vaste ensemble de constructions. En réalité, les murs puissants et les grandes arcades appartenaient non pas au palais du roi barbare mythique, mais sans doute à un établissement thermal. » Manlio Brigaglia, *La Sardaigne*, Ed. Grange Batelière, 1974.
11) Le fleuve Coghinas (123 km), formé du rio Mannu d'Ozieri et de celui de Berchidda, se jette au Nord dans le golfe d'Asinara.
12) *Giudicati* : nom donné aux quatre anciennes régions de la Sardaigne médiévale, qui formèrent autant de gouvernements indépendants.
13) *Condaghe* : documents administratifs en langue sarde en usage pendant les *giudicati.*
14) Rédigé en toscan, ce Bref est le premier ensemble italien de lois minières, exemplaire par ses connaissances juridiques, économiques et administratives.
15) *Gosos* : compositions rimées à la louange des saints locaux.
16) Termes en langue sarde. *Stazzi* : habitations de la campagne ; *pinettas :* cabanes de berger ; *cuiles, medaus* : bergeries ; *bacchiles* : étables ; *furriadroxus* : enclos où l'on parque les bêtes.
17) Voir la note 6.

18) Le comte Bogino, pemier ministre piémontais du roi Carlo Emanuele III.
19) G. Cossu : 1739-1811 ; A. M. dell'Arca : 1707-1795 ; V. Boyl : 1778-1834, militaire et homme politique ; G. Deidda : 1721-1810 ; D. A. Azuni : 1749-1827, juriste et magistrat ; G. M. Angioy, 1751-1808, homme politique et patriote sarde, exilé il mourut en France.
20) Allusion à la pratique de couper les jarrets au bétail par malveillance.
21) Alberto Lamarmora, général comte italien (1798-1863), naturaliste et géographe, auteur d'un *Voyage en Sardaigne*, écrit en français.
22) Affluent du Flumendosa.
23) Voir la note 6.
24) *Stamenti*, *Bracci* (les bras) : les trois ordres (ecclésiastique, militaire, royal) du Parlement sarde, d'origine féodale, jusqu'à la « fusion parfaite» de 1847 avec le Piémont.
25) 1805-1882.
26) Ou Expédition des Mille (1860), conduite par Giuseppe Garibaldi (1807-1882), qui est enterré en Sardaigne, à Caprera.
27) V. Onnis (1822-1888), journaliste et patriote ; G.B. Tuveri (1815-1887), philosophe, écrivain et homme politique ; G. Asproni (1808-1876), homme politique.
28) Giuseppe Mazzini (1805-1872), révolutionnaire et patriote italien, « père de l'unité italienne ».
29) 1801-1868, historien et philosophe.
30) *Ademprivio*: usage, caractéristique de la Sardaigne, consistant en la jouissance collective de la terre, en particulier des pâtures (ce droit sera aboli dans les années 1860).
31) *EAF* : *Ente Autonomo del Flumendosa*, organisme chargé, en 1946, de la réalisation de trois grands bassins de retenue d'eau sur le cours du Moyen Flumendosa.
32) *Su connottu*, littéralement, le connu, la tradition.
33) 1827-1884, homme politique.
34) 1828-1891, économiste et homme politique.
35) Francesco Crispi (1819-1901) a gouverné trois fois le Royaume d'Italie (1887-1889 ; 1889-1891 ; 1893-1896).
36) Citation du célèbre quatrain de Melchiorre Murenu : *Tancas serradas a muru, / Fattas a s'afferr'affera, / Si su Chelu fid in terra, / L'haiant serradu puru !* (Terrains enclos de pierres sèches / Pour enfermer à qui mieux mieux / Si le Ciel avait été sur terre / Ils l'auraient clôturé lui aussi !)
37) Affluent du rio Quirra, dans la province de Nuoro.
38) Le lac de Bunnari est proche de Sassari.
39) L'Italie méridionale.
40) Milices fascistes durant le régime mussolinien.

41) *Miga* : en italien *mica* (bricole, vétille, petite chose) ; mais les Sardes émigrés dans la Péninsule prononcent *miga* ; et de retour au pays natal cette prononciation les fait reconnaître comme étant des émigrés.
42) *Am-lire (allied military lire)* : monnaie ayant circulé en Italie durant la période 1943-1950, émise par le gouvernement militaire allié.
43) Voir la note 6. (La graphie italienne veut Sarroch avec un *ch* final qui se prononce *k* en italien ; tandis que l'auteur affectionne une graphie plus sarde...)
44) Villages de la Barbagia. Voir la note 6.
45) Régions au Nord Nord-Est de la Sardaigne.
46) *ETFAS : Ente per la Trasformazione Fondiaria e Agraria della Sardegna* (organisme d'Etat pour la transformation foncière et agraire de la Sardaigne) *; ESAF : Ente Sardo Acquedotti e Fognature* (organisme sarde pour les aqueducs et les égouts).
47) Le fleuve Temo se jette à Bosa Marina, sur la côte Ouest de l'île.
48) Région aux confins de la Barbagia.
49) Le présent ouvrage a paru une première fois en italien en 1986, à l'occasion du 40e anniversaire de la création de l'*EAF*, l'*Ente Autonomo del Flumendosa.* L'auteur donne les précisions suivantes : « C'est le 17 mai 1946 que l'*EAF* fut créé (décret-loi n°498). Mais l'idée de transférer l'eau du Flumendosa vers la plaine du Campidano aux fins d'irrigation naquit dans l'esprit de l'ingénieur Omodeo au début du XXe siècle ; ce fut la société *Tirso* qui présenta à l'administration provinciale de Cagliari, le 20 octobre 1918, la première demande de concession pour la construction de deux retenues, reliées par un tunnel, l'une sur le Flumendosa et l'autre sur son affluent le Mulargia, dont les eaux devaient servir à l'irrigation du Campidano de Cagliari. Dans une publication officielle du ministère des Travaux publics : *Ressources hydrauliques pour la force motrice en Sardaigne* (1928), est en effet prévue l'utilisation du Flumendosa aux fins d'irrigation et de production d'électricité. Dans l'immédiat après-guerre, en novembre 1945, le ministère des Travaux publics charge une commission technique d'une enquête conclusive sur le "problème Flumendosa". La publication en question atteste que, sur le Flumendosa, existent toutes les conditions favorables pour la captation et l'utilisation des eaux aux fins d'irrigation et de production d'électricité avec de notables avantages pour l'économie de l'île tout entière. Six mois plus tard, le 17 mai 1946, le décret-loi n°498 venait donc instituer l'*Ente Autonomo del Flumendosa*, avec siège à Cagliari, doté d'une personnalité juridique de droit public, et placé sous la tutèle et la surveillance du ministère des Travaux publics, avec pour objet le projet et l'exécution de tous les ouvrages nécessaires aux buts institutionnels de l'*Ente*. Fut alors élaboré un projet préliminaire, approuvé par l'assemblée générale du Conseil supérieur des Travaux publics, qui servit de base à la rédaction

des projets exécutoires. C'est ainsi que commença, il y a quarante ans, le cycle opérationnel de l'*EAF*, lequel a produit d'avantageux résultats, dans la longue et pas toujours heureuse "histoire de l'eau" en Sardaigne. »
50) Poulets de Trilussa : allusion au poème *La Statistica* de Trilussa, de son vrai nom Carlo Alberto Camillo Mariano Salustri (1871-1950), poète et sénateur à vie de la République italienne.
51) 1915-1997, géologue.

Structures éditoriales du groupe L'Harmattan

L'Harmattan Italie
Via degli Artisti, 15
10124 Torino
harmattan.italia@gmail.com

L'Harmattan Hongrie
Kossuth l. u. 14-16.
1053 Budapest
harmattan@harmattan.hu

L'Harmattan Sénégal
10 VDN en face Mermoz
BP 45034 Dakar-Fann
senharmattan@gmail.com

L'Harmattan Cameroun
TSINGA/FECAFOOT
BP 11486 Yaoundé
inkoukam@gmail.com

L'Harmattan Burkina Faso
Achille Somé – tengnule@hotmail.fr

L'Harmattan Guinée
Almamya, rue KA 028 OKB Agency
BP 3470 Conakry
harmattanguinee@yahoo.fr

L'Harmattan RDC
185, avenue Nyangwe
Commune de Lingwala – Kinshasa
matangilamusadila@yahoo.fr

L'Harmattan Congo
67, boulevard Denis-Sassou-N'Guesso
BP 2874 Brazzaville
harmattan.congo@yahoo.fr

L'Harmattan Mali
Sirakoro-Meguetana V31
Bamako
syllaka@yahoo.fr

L'Harmattan Togo
Djidjole – Lomé
Maison Amela
face EPP BATOME
ddamela@aol.com

L'Harmattan Côte d'Ivoire
Résidence Karl – Cité des Arts
Abidjan-Cocody
03 BP 1588 Abidjan
espace_harmattan.ci@hotmail.fr

L'Harmattan Algérie
22, rue Moulay-Mohamed
31000 Oran
info2@harmattan-algerie.com

L'Harmattan Maroc
5, rue Ferrane-Kouicha, Talaâ-Elkbira
Chrableyine, Fès-Médine
30000 Fès
harmattan.maroc@gmail.com

Nos librairies en France

Librairie internationale
16, rue des Écoles – 75005 Paris
librairie.internationale@harmattan.fr
01 40 46 79 11
www.librairieharmattan.com

Librairie l'Espace Harmattan
21 bis, rue des Écoles – 75005 Paris
librairie.espace@harmattan.fr
01 43 29 49 42

Lib. sciences humaines & histoire
21, rue des Écoles – 75005 Paris
librairie.sh@harmattan.fr
01 46 34 13 71
www.librairieharmattansh.com

Lib. Méditerranée & Moyen-Orient
7, rue des Carmes – 75005 Paris
librairie.mediterranee@harmattan.fr
01 43 29 71 15

Librairie Le Lucernaire
53, rue Notre-Dame-des-Champs – 75006 Paris
librairie@lucernaire.fr
01 42 22 67 13

www.ingramcontent.com/pod-product-compliance
Lightning Source LLC
LaVergne TN
LVHW051630071026
849535LV00009BA/3531
* 9 7 8 2 3 4 3 1 6 0 6 5 8 *